Entwicklung neuer Ansätze zum nachhaltigen Planen und Bauen

Deutschland hat sich zum Ziel gesetzt, dass bis zur Mitte des 21. Jh. der Gebäudebestand, der durch Herstellung und Nutzung für einen Großteil aller Treibhausgasemissionen ursächlich ist, nahezu klimaneutral sein soll. Aber auch die Schonung vorhandener Ressourcen, das Schaffen einer circular economy und die Verankerung der Prinzipien Effizienz, Konsistenz und Suffizienz beim Planen, Errichten, Nutzen und Zurückbauen unserer bebauten Umwelt sind der Anspruch, dem die Akteure des Bauwesens gerecht werden müssen.
Wichtige Projektentscheidungen werden häufig nicht auf Basis der zu erwartenden Nachhaltigkeit getroffen, sondern zumeist auf Basis ökonomischer Gesichtspunkte (Herstellkosten). Es gilt, alle Beteiligten zu sensibilisieren, dass das in der Herstellung günstigste Bauwerk selten das wirtschaftlichste oder gar nachhaltigste ist, betrachtet man den gesamten Lebenszyklus. Es ist also sinnvoll, die Nachhaltigkeit von Bauwerken nicht nur zu dokumentieren, sondern wichtige Entscheidungen auf Basis der Nachhaltigkeit zu treffen.
Diese Buchreihe stellt neue Erkenntnisse der angewandten Wissenschaften und Praxis vor, die dazu beitragen sollen, Veränderungen im Markt aufzuzeigen und zu begleiten, hin zu einer nachhaltigen Bauwirtschaft.

Alina Gerstner

Implementierung von Nachhaltigkeitskriterien im Industriebau in den Leistungsphasen 6 bis 8

Springer Vieweg

Alina Gerstner
Bauingenieurwesen – Projektmanagement
Hochbau, Duale Hochschule
Baden-Württemberg Mosbach
Forbach, Baden-Württemberg, Deutschland

ISSN 2948-1007 ISSN 2948-1015 (electronic)
Entwicklung neuer Ansätze zum nachhaltigen Planen und Bauen
ISBN 978-3-658-47899-5 ISBN 978-3-658-47900-8 (eBook)
https://doi.org/10.1007/978-3-658-47900-8

Die Deutsche Nationalbibliothek verzeichnet diese Publikation in der Deutschen Nationalbibliografie; detaillierte bibliografische Daten sind im Internet über https://portal.dnb.de abrufbar.

Planung/Lektorat: Ralf Harms
Springer Vieweg ist ein Imprint der eingetragenen Gesellschaft Springer Fachmedien Wiesbaden GmbH und ist ein Teil von Springer Nature.
Die Anschrift der Gesellschaft ist: Abraham-Lincoln-Str. 46, 65189 Wiesbaden, Germany

Geleitwort

Die Bauwirtschaft befindet sich inmitten eines tiefgreifenden Wandels – ein Wandel, der angesichts der drängenden gesellschaftlichen Herausforderungen unumgänglich ist. Studien zeigen, dass etwa 40 % aller CO_2-Emissionen in Deutschland auf die Herstellung, Errichtung, Modernisierung und Nutzung von Wohn- und Nichtwohngebäuden entfallen. Hinzu kommt, dass die Bauwirtschaft branchenübergreifend die meisten Rohstoffe verbraucht und mit über 50 % den größten Anteil am Abfallaufkommen verursacht. Zudem führt die Erschließung neuer Siedlungs- und Verkehrsflächen täglich zu einem Flächenverbrauch von über 50 Hektar. Diese Zahlen verdeutlichen: Die Bauwirtschaft trägt eine besondere Verantwortung, ihre Prozesse und Produkte nachhaltig zu transformieren.

Mit der Reihe **„Entwicklung neuer Ansätze zum nachhaltigen Planen und Bauen“** soll diese notwendige Transformation unterstützt werden. Sie bietet Raum für innovative Ideen, Konzepte und Methoden, die von Studierenden der **Dualen Hochschule Baden-Württemberg (DHBW) Mosbach** entwickelt wurden. Dank des dualen Studienmodells verfügen die Autoren bereits während ihrer Studienzeit nicht nur über fundiertes theoretisches Wissen, sondern auch über mehrjährige berufliche Praxiserfahrung in Unternehmen und öffentlichen Verwaltungen. Die vorgestellten Arbeiten sind daher nicht nur theoretisch fundiert, sondern auch hoch praxisrelevant und direkt anwendbar. Ein besonderer Fokus der Reihe liegt auf nachhaltigem Planen und Bauen in all seinen Facetten. Sie betrachtet sämtliche Lebenszyklusphasen von Gebäuden – von der frühen Projektentwicklung über die Bauphase und Nutzung bis hin zum Rückbau sowie der Wiederverwendung, Verwertung oder Entsorgung von Materialien. Dabei werden immer wieder Schnittstellen zu angrenzenden Fachbereichen wie Projektmanagement, Lean Construction oder Building Information Modeling (BIM) aufgegriffen. Ziel ist es, einen fundierten und praxisorientierten Beitrag zur Gestaltung einer zukunftsfähigen Bauwirtschaft zu leisten.

Der vorliegende Band aus der Reihe **„Entwicklung neuer Ansätze zum nachhaltigen Planen und Bauen“** widmet sich der Implementierung von Nachhaltigkeitskriterien im Industriebau – mit einem besonderen Fokus auf die Leistungsphasen 6 bis 8 der HOAI. **Alina Gerstner** entwickelt in ihrer Arbeit einen praxisnahen und strukturierten Leitfaden, der es ermöglicht, ökologische, ökonomische und soziale

Nachhaltigkeitskriterien gezielt in die Ausschreibung, Vergabe und Bauausführung zu integrieren. Die Kriterien werden den Grundleistungen der jeweiligen Leistungsphasen zugeordnet und durch spezifische Maßnahmen für die praktische Umsetzung ergänzt. Ein zentraler Bestandteil des Leitfadens ist die klare Strukturierung und die ganzheitliche Betrachtung der Nachhaltigkeitsaspekte. Dabei werden nicht nur allgemeine Zielsetzungen formuliert, sondern auch konkrete Instrumente und Handlungsempfehlungen bereitgestellt, die die Objektplanung bei der Realisierung von nachhaltigen Industriebauten unterstützen. Um die Praxisrelevanz des Leitfadens zu überprüfen, wird dieser an einem Referenzprojekt angewendet. Die Ergebnisse der Anwendung fließen in eine abschließende Optimierung ein, wodurch der Leitfaden eine hohe Umsetzbarkeit und Anpassungsfähigkeit an unterschiedliche Projektanforderungen gewährleistet. Die Arbeit von Alina Gerstner zeigt eindrucksvoll, wie sich Nachhaltigkeitskriterien systematisch in die Prozesse des Industriebauens integrieren lassen. Durch die umfassende Analyse bestehender Regelwerke, Bewertungssysteme und wissenschaftlicher Erkenntnisse bietet der entwickelte Leitfaden eine wertvolle Grundlage, um die Bauausführung nachhaltiger und effizienter zu gestalten. Dies macht ihn zu einem wichtigen Werkzeug für die notwendige Weiterentwicklung der Bauwirtschaft.

Competing Interests Der/die Autor*in hat keine für den Inhalt dieses Manuskripts relevanten Interessenkonflikte.

Mosbach, 09.12.2024
Prof. Dr.-Ing. Markus Koschlik

Geleitwort

Mit großer Freude stelle ich die Bachelorarbeit von Alina Gerstner vor, die sich mit einem zukunftsweisenden und bedeutenden Thema der Bauwirtschaft auseinandersetzt: der Implementierung von Nachhaltigkeitskriterien im Industriebau in den Leistungsphasen 6 bis 8 gemäß HOAI. Diese Arbeit ist Teil des Bandes „Entwicklung neuer Ansätze zum nachhaltigen Planen und Bauen".

In einer Zeit, in der Nachhaltigkeit und umweltbewusstes Handeln immer mehr an Bedeutung gewinnen, leistet diese Arbeit einen wertvollen Beitrag zur Integration von Nachhaltigkeitskriterien in den Industriebau. Die detaillierte Analyse und der daraus resultierende Leitfaden bieten praxisnahe Lösungen und Handlungsempfehlungen, die besonders für Planer, aber auch für Bauherren von großem Nutzen sein können. Zusätzlich ermöglicht der Leitfaden eine flexible Anpassung auf spezifische Projektanforderungen oder auch Wünsche des Bauherrn, die beispielsweise Vorgaben der EU-Taxonomie, Zertifizierungsindikatoren oder individuelle Nachhaltigkeitsziele umfassen.

Besonders hervorzuheben ist die systematische Herangehensweise, die es ermöglicht, Nachhaltigkeitsaspekte gezielt in den Leistungsphasen 6 bis 8 zu berücksichtigen. Damit trägt diese Arbeit nicht nur zur theoretischen Diskussion bei, sondern bietet auch konkrete Ansätze für die praktische Umsetzung.

Ich gratuliere Alina Gerstner zu dieser herausragenden Leistung und bin überzeugt, dass ihre Arbeit einen wichtigen Beitrag zur nachhaltigen Entwicklung im Bauwesen leisten wird.

Gaggenau, 10.12.2024
Mino Figliuzzi B.Eng.

Kurzfassung

Die Bauindustrie trägt wesentlich zu einer nicht nachhaltigen Lebensweise bei, da sie unter anderem signifikant hohe CO_2-Emissionen, einen großen Flächen- und Ressourcenverbrauch sowie erhebliche Abfallmengen verursacht. Um nationale als auch globale Nachhaltigkeitsziele zu erreichen und eine lebenswerte Umwelt zu sichern, muss die Bauwirtschaft Verantwortung übernehmen und Bauvorhaben zielstrebig nachhaltiger planen und umsetzen. Nur so kann eine langfristige Lebensdauer eines Bauwerks sichergestellt werden, das nicht auf nur Kosten der Umwelt entsteht, sondern durch eine konsequente Minimierung des Ressourcenverbrauchs und eine Verringerung der Umweltbelastungen aktiv zur Nachhaltigkeit beiträgt.

Dabei sollte neben bspw. dem Wohnungsbau auch verstärkt der Fokus auf die nachhaltige Planung und Ausführung von Industriebauten gelegt werden, da diese aufgrund ihrer Komplexität – etwa durch Größe und spezifische Nutzungsanforderungen – besondere Herausforderungen darstellen und explizit betrachtet werden müssen.

Demnach wird in dieser Bachelorarbeit ein Leitfaden zur Implementierung von Nachhaltigkeitskriterien speziell für Industriebauten entwickelt, der in der Objektplanung Anwendung finden soll. Der Fokus liegt dabei auf den Leistungsphasen 6 bis 8 der HOAI, da diese Phasen – welche die Ausschreibung, Vergabe und Bauausführung umfassen – als besonders relevant für die Sicherstellung einer nachhaltigen Bauweise gelten. Sie können als Schlüsselphasen betrachtet werden, in denen geplante Nachhaltigkeitsziele konkret überführt, konkretisiert sowie anschließend in der Praxis umgesetzt werden müssen. Der Leitfaden soll die Objektplanung folglich dabei unterstützen, konkrete Ziele und Maßnahmen vorzugeben, um die Realisierung eines nachhaltigen Industriebaus zu gewährleisten.

Der Inhalt des Leitfadens wird auf der Grundlage einer umfassenden Analyse des aktuellen Stands von Technik und Forschung entwickelt. Dabei werden relevante Regelwerke, Zertifizierungs- und Bewertungssysteme sowie wissenschaftliche Arbeiten und bestehende Leitfäden detailliert untersucht. Neben den Zielsetzungen und den entsprechenden Maßnahmen jeder Leistungsphase fließen auch verschiedene Nachhaltigkeitsdimensionen wie Ökologie, Ökonomie und Soziales in die Bewertung ein, um damit eine ganzheitliche und umfassende Betrachtung der Nachhaltigkeitsaspekte zu gewährleisten.

Weiterhin sollen zur Förderung einer flexiblen Gestaltung auch spezifische Projektanforderungen, wie z.B. Vorgaben der EU-Taxonomie, Zertifizierungsindikatoren oder die individuellen Wünsche des Bauherrn berücksichtigt werden.

Abschließend wird der Leitfaden in einem Referenzprojekt angewendet und evaluiert, um die Praxistauglichkeit zu überprüfen und Möglichkeiten für dessen Optimierung bei zukünftigen Industriebauprojekten zu identifizieren. Damit soll langfristig die Nachhaltigkeitsausrichtung in den Leistungsphasen 6 bis 8 seitens der Objektplanung verbessert und die effektive Umsetzung nachhaltiger Industriebauwerke gewährleistet werden.

Inhaltsverzeichnis

Abkürzungsverzeichnis

AG	Auftraggeber
AGI	Arbeitergemeinschaft Industriebau e. V.
AN	Auftragnehmer
BBSR	Bundesinstitut für Bau-, Stadt- und Raumforschung
BGF	Bruttogrundfläche
BMI	Bundesministerium des Innern, für Bau und Heimat
BREEAM	Building Research Establishment Environmental Assessment Methodology
CE	Conformité Européenne (Europäische Übereinstimmung)
CO_2	Kohlendioxid
DE	Deutschland
DGNB	Deutsche Gesellschaft für Nachhaltiges Bauen/ Deutsches Gütesiegel für Nachhaltiges Bauen
DIN	Deutsches Institut für Normung
EN	Europäische Norm
e. V.	Eingetragener Verein
EU	Europäische Union
GEG	Gebäudeenergiegesetz
GK	Gebäudeklasse
GmbH	Gesellschaft mit beschränkter Haftung
HOAI	Honorarordnung für Architekten und Ingenieure
IndBauRL	Industriebau-Richtlinie
KfW	Kreditanstalt für Wiederaufbau
KSG	Bundesklimaschutzgesetz
LBO BW	Landesbauordnung Baden-Württemberg
LEED	Leadership in Energy and Environmental Design
LPH	Leistungsphase
LV	Leistungsverzeichnis
M-HFHHolzR	Muster-Richtlinie über brandschutztechnische Anforderungen an hoch feuerhemmende Bauteile in Holzbauweise

SiGeKo	Sicherheits- und Gesundheitsschutzkoordinator
TGA	Technische Gebäudeausrüstung
U. S.	United States (Vereinigte Staaten)
UN	United Nations (Vereinte Nationen)
VOC	Flüchtige organische Verbindungen

Abbildungsverzeichnis

Tabellenverzeichnis

Einleitung 1

1.1 Ausgangssituation

Sowohl national als auch international ist der Begriff der Nachhaltigkeit präsenter denn je. In kurzer Zeit hat sich dieser zu einem zentralen Thema entwickelt und ist nahezu in allen Themenbereichen wiederzufinden. Auch auf der politischen Agenda hat er einen festen Platz eingenommen. Nicht ohne Grund wurden seitens der Vereinten Nationen (UN) und auch in Deutschland (DE) spezifische Ziele zur Förderung der Nachhaltigkeit definiert. Mit der Agenda 2030, welche 17 Ziele für eine nachhaltige Entwicklung beinhaltet (vgl. Abb. 1.1), hat es sich die UN zur Aufgabe gemacht, Herausforderungen auf sozialer, wirtschaftlicher und ökologischer Ebene gerecht zu werden. Dabei ist auch Deutschland verpflichtet die Ziele mittels einer dafür ausgerichteten Nachhaltigkeitsstrategie umzusetzen.

Zur Erreichung nachhaltiger Ziele spielt auch die Bauindustrie eine entscheidende Rolle. Sie ist ein wesentlicher Verursacher der Nichteinhaltung dieser Prinzipien und trägt durch massive Abfallmengen, hohe Emissionen und den immensen Flächenverbrauch erheblich zur Umweltbelastung bei [2]. Dazu zählt auch der Industriebau. Besonders Industriebauwerke werden oftmals durch ihren enormen Flächen-, Ressourcen- und Energieverbrauch als weniger nachhaltig wahrgenommen [3–5]. Zudem steht bei Industriebauten häufig der hohe Kostendruck im Vordergrund, wodurch Nachhaltigkeitsaspekte zunächst untergehen können [6].

Ein Beispiel hierfür ist der umstrittene Bau der Tesla Gigafactory in Grünheide bei Berlin, welche im Jahr 2022 fertiggestellt wurde. *„Alles andere als ökologisch: Elon Musks Gigafactory ist ein Gigaproblem“*, formuliert die Berliner Zeitung [7].

A. Gerstner, *Implementierung von Nachhaltigkeitskriterien im Industriebau in den Leistungsphasen 6 bis 8*, Entwicklung neuer Ansätze zum nachhaltigen Planen und Bauen, https://doi.org/10.1007/978-3-658-47900-8_1

Abb. 1.1 Die 17 Nachhaltigkeitsziele der UN ([1])

> *„In einer superschnellen Startphase 2020/21 wurden 1,5 Mio. Quadratmeter (150 Hektar) Grünheider Forst gerodet. In ihm standen etwa 50.000 Kiefern mittleren Alters. Diese Bäume gaben jährlich eine Sauerstoffmenge ab, die etwa 2.500 Menschen am Leben erhält.“* [7].

Neben dem Flächenverbrauch und der Rodung des Kiefernforsts steht auch der Wasserbedarf und das anfallende Abwasser, des im Wasserschutzgebiet gelegenen Werkes, unter Kritik.

> *„Die Gigafactory, deren Betriebsstätte zu 95 % in dieser Schutzzone 3 (…) liegt, beantragt, jährlich 1.400.000 Kubikmeter Trinkwasser (14 % des Fördervermögens des Wasserverband Strausberg-Erkner (WSE) oder 55 % des für gewerbliche Nutzung verfügbaren Wassers) geliefert zu bekommen sowie 921.000 Kubikmeter Abwasser pro Jahr.“* [7].

Diese und weitere Beispiele, wie die Umsiedlung oder „Vergrämung“ zahlreicher Tierarten, darunter Großwild und verschiedene Reptilienarten, der immense Flächenverbrauch sowie der Verlust der Bodenfauna durch die Betonversiegelung von rund 900.000 Quadratmetern, und das enorme tägliche Transportaufkommen von etwa sechs Güterzügen sowie über 3500 Fahrzeugen, welches zu erheblichen Staub- und Lärmbelastungen führt, verdeutlichen, dass sowohl der Bau als auch der Betrieb stark kritisiert werden [7].

Die Berliner Zeitung gibt hierbei deutlich zu verstehen, dass die technischen Maßnahmen der Gigafactory nicht die Anforderungen eines klimabewussten Landes widerspiegeln würden und veranschaulicht damit auch die Spannungen zwischen wirtschaftlichen Interessen und ökologischen Notwendigkeiten. Dabei stehen z. B. insbesondere der hohe Energie- und Wasserverbrauch, die umfangreiche Bodenversiegelung sowie die unzureichenden Maßnahmen zur Reduktion von Emissionen und zur Minimierung weiterer Umweltbeeinträchtigungen im deutlichen Widerspruch zu den angestrebten Klimazielen [7].

Es ist allerdings anerkannt, dass bei der Errichtung eines großen Produktionsstandorts wie der Gigafactory, unter ausschließlicher Berücksichtigung von Nachhaltigkeitsaspekten, eine Realisierung kaum möglich gewesen wäre [8]. Unvermeidbare Auswirkungen, wie die Bodenversiegelung und der hohe Ressourcenverbrauch schon während der Bauphase, sind inhärent mit solchen Projekten verbunden. Dennoch können diese negativen Umwelteinflüsse durch die frühzeitige Integration von Nachhaltigkeitsaspekten in den Planungs- und Ausführungsprozess reduziert werden [9]. Daneben lassen sich bspw. auch Kompensationsmaßnahmen oder Einsparungspotenziale planen, um die nicht vermeidbaren Belastungen hinsichtlich der Umwelt abzumildern.

Eine frühzeitige Integration von Nachhaltigkeitsaspekten in den Planungsprozess eines Bauvorhabens bildet damit die Grundlage, verschiedene Maßnahmen umzusetzen, die zu einer Reduktion der Umweltauswirkungen führen können [9]. So können bspw. der Einsatz nachhaltiger Baumaterialien oder die Implementierung effizienter Produktionsprozesse bei Maschinen und Anlagen einen positiven Einfluss haben.

Daher ist es von zentraler Bedeutung, Nachhaltigkeitskriterien konsequent in die Planung und Ausführung von Industriebauten zu integrieren, um negative Umwelteffekte zu minimieren und eine nachhaltigere Baukultur zu fördern. Nur so kann langfristig zur Erreichung der Klimaziele, wie sie in der Agenda 2030 festgelegt sind, beigetragen werden.

Es besteht weitgehendes Bewusstsein darüber, dass die Implementierung von Nachhaltigkeit bereits zu Beginn eines Projekts, insbesondere in den frühen Planungsphasen, den größten Einfluss auf das Endergebnis hat [10]. Die umfassende Berücksichtigung von Nachhaltigkeitsaspekten muss daher frühzeitig erfolgen. Mit Abschluss der Ausführungsplanung (Leistungsphase 5) sollte bereits klar sein, in welche Richtung das Bauvorhaben hinsichtlich Nachhaltigkeit geht.

Ein Schlüsselpunkt für die tatsächliche Umsetzung von Nachhaltigkeitsaspekten ist jedoch besonders die Ausschreibung. In diesem Schritt müssen alle zuvor festgelegten Nachhaltigkeitskriterien, bspw. im Leistungsverzeichnis (LV), konkret aufgeführt werden, und zusätzliche Bestimmungen, etwa zur Qualitätssicherung, definiert werden. Wenn diese Aspekte in der Ausschreibung nicht detailliert berücksichtigt werden, fehlen die Voraussetzungen für eine erfolgreiche nachhaltige Umsetzung in der Ausführung [9].

Darüber hinaus spielt die anschließende Vergabe eine zentrale Rolle bei der Auswahl der ausführenden Unternehmen, sodass geeignete Unternehmen ausgewählt werden, die nicht nur über das notwendige Verständnis für Nachhaltigkeit verfügen, sondern auch in der Lage sind, entsprechende nachhaltige Praktiken umzusetzen [9]. Dies dient dazu, optimale Voraussetzungen für eine nachhaltigkeitsorientierte Bauausführung zu schaffen. Es ist dabei auch von entscheidender Bedeutung, dass nicht – wie in der Baupraxis häufig üblich – ausschließlich das kostengünstigste Angebot den Zuschlag erhält, sondern auch ökologische und soziale Aspekte in die Entscheidungsfindung einbezogen werden [11].

Zuletzt stellt die Bauausführung den entscheidenden Schritt für die tatsächliche Umsetzung der im Planungs- und Ausschreibungsprozess festgelegten Anforderungen eines Bauvorhabens dar. In dieser Phase müssen die definierten Nachhaltigkeitsprinzipien konsequent und fachgerecht realisiert werden, um eine hohe Ausführungsqualität sicherzustellen. Eine korrekte und qualitätsgesicherte Umsetzung trägt insbesondere dazu bei, die nachfolgenden Phasen, vor allem die kostenintensive Nutzungsphase, effizienter zu gestalten und langfristig die Nachhaltigkeitsziele des Projekts zu erfüllen [12].

Abschließend lässt sich festhalten, dass damit die Leistungsphasen (LPH) 6 bis 8 der Honorarordnung für Architekten und Ingenieure (HOAI), welche die Leistungen für Ausschreibung, Vergabe und Ausführung festlegen, eine zentrale Rolle bei der Konkretisierung und Umsetzung von Nachhaltigkeitsaspekten in Bauprojekten spielen. Vor diesem Hintergrund werden in dieser wissenschaftlichen Arbeit spezielle Maßnahmen und Ansätze in den LPH 6 bis 8 detailliert untersucht, um einen Beitrag zur nachhaltigen Gestaltung von Industriebauten zu leisten.

1.2 Zielstellung

Gemäß dem Titel „Implementierung von Nachhaltigkeitskriterien im Industriebau in den Leistungsphasen 6 bis 8" verfolgt diese wissenschaftliche Arbeit das Ziel, einen umfassenden Leitfaden für die Objektplanung zu entwickeln, der konkrete Nachhaltigkeitsmaßnahmen für die LPH 6 bis 8 definiert und seitens der Objektplanung bei der Ausschreibung, Vergabe sowie Bauausführung von Industriebauprojekten angewendet werden kann. Dies soll gewährleisten, dass festgelegte Nachhaltigkeitsziele nicht nur geplant, sondern auch konkretisiert und praktisch umgesetzt werden, um damit einen nachhaltigen Beitrag zur Erreichung der Umwelt- und Klimaziele innerhalb des Industriebausektors zu leisten.

Die Zuordnung der Maßnahmen erfolgt dabei auf Grundlage der Grundleistungen der jeweiligen LPH nach der HOAI, welche durch die Berücksichtigung von Nachhaltigkeitsaspekten erweitert werden. Diese sollen zuvor aus fundierten technischen und forschungsbasierten Grundlagen abgeleitet und anschließend in einem strukturierten Leitfaden zusammengefasst werden.

Darüber hinaus soll der Leitfaden eine ganzheitliche Betrachtung der Nachhaltigkeit ermöglichen, indem neben ökologischen z. B. auch soziale und ökonomische Aspekte einbezogen werden. Dies soll eine umfassende Bewertung und Zuweisung der entsprechenden Maßnahmen gewährleisten.

Ein weiteres Ziel besteht darin, den Leitfaden zugleich auch flexibel zu gestalten, sodass er an die spezifischen Anforderungen und Rahmenbedingungen verschiedener Industriebauprojekte angepasst werden kann.

Zuletzt soll eine Anwendung des Leitfadens auf ein ausgewähltes Referenzprojekt erfolgen, um dessen Praxisnähe und Umsetzbarkeit exemplarisch zu demonstrieren.

Demnach ergibt sich innerhalb des Untersuchungsrahmens folgende zentrale Forschungsfrage:

Kann ein Leitfaden zur Implementierung von Nachhaltigkeitskriterien für die LPH 6 bis 8 im Industriebau entwickelt werden, welcher für die Objektplanung Maßnahmen zur Verfügung stellt, die zur Förderung einer nachhaltigeren Ausschreibung, Vergabe sowie Bauausführung und damit zu einer effizienten Umsetzung der geplanten Nachhaltigkeitsziele und Sicherung der Gebäudequalität beitragen können?

Neben dem Hauptziel sind zur Zielerreichung auch die folgenden Nebenkriterien zu berücksichtigen:

- *Können aus den zu untersuchenden technischen und forschungsbasierten Grundlagen spezifische Nachhaltigkeitskriterien abgeleitet und den Grundleistungen der LPH 6 bis 8 gemäß der HOAI zugeordnet werden?*
- *Lässt sich eine umfassende Betrachtung der Nachhaltigkeit sicherstellen, indem neben ökologischen z. B. auch soziale und ökonomische Aspekte in den Leitfaden einbezogen werden?*
- *Besteht die Möglichkeit, den Leitfaden zugleich auch flexibel zu gestalten, um ihn an spezifische Projektanforderungen anzupassen?*
- *Ist eine praktische Anwendung anhand eines ausgewählten Referenzbeispiels möglich?*

1.3 Abgrenzung

Die vorliegende Arbeit konzentriert sich zunächst auf die Planung und Ausführung von Neubauprojekten im Hochbau im Bereich des Industriebaus. Der Ingenieur-, Tief- und Straßenbau sowie Bestandsgebäude bleiben dabei unberücksichtigt. Gemäß der Industriebaurichtlinie (IndBauRL) werden Industriebauten als *„Gebäude oder Gebäudeteile im Bereich der Industrie und des Gewerbes, die der Produktion (Herstellung, Behandlung, Verwertung, Verteilung) oder Lagerung von Produkten oder Gütern dienen“* definiert [13]. Kategorien wie der Wohnungsbau oder öffentliche Bauwerke werden demnach in dieser Arbeit nicht thematisiert.

Obwohl globale Regelwerke wie die Agenda 2030 und das Pariser Klimaschutzabkommen den übergeordneten wissenschaftlichen Rahmen bilden, konzentriert sich die vertiefte Untersuchung auf Regelwerke der EU-Ebene sowie insbesondere auf die spezifischen Vorgaben innerhalb Deutschlands.

Demnach beschränkt sich die Herleitung der Kriterien sowie die Erstellung des Leitfadens auf die LPH 6 bis 8 der HOAI. Es wird ausschließlich das Leistungsbild „Gebäude und Innenräume“ innerhalb der Objektplanung gemäß Anlage 10 der HOAI betrachtet. Andere Leistungsbilder wie „Freianlagen“ oder „Tragwerksplanung“ bleiben außer Acht. Folglich wird auch nur die Kostengruppe 300, welche die Baukonstruktion des Bauwerks umfasst, berücksichtigt. Andere Kostengruppen werden nicht thematisiert.

In Bezug auf das eingegrenzte Leistungsbild „Gebäude und Innenräume“ fokussiert sich die Arbeit ausschließlich auf dessen Grundleistungen innerhalb der Vorbereitung und Mitwirkung bei der Vergabe sowie der Objektüberwachung. Vorherige Planungsphasen wie Vor-, Entwurfs- oder Ausführungsplanung und die im Anschluss an LPH 8 folgende Objektbetreuung sowie besondere Leistungen bleiben im Rahmen des Leitfadens unberücksichtigt. Ebenso werden planerische Aufgaben wie gestalterische, technische oder statische Grundlagen sowie rechtliche Aspekte nicht behandelt.

1.4 Vorgehensweise

Im Rahmen dieser wissenschaftlichen Arbeit wird zunächst eine fundierte theoretische Grundlage geschaffen, um ein umfassendes Verständnis für die nachfolgenden Inhalte zu gewährleisten. Dieser theoretische Teil umfasst z. B. die Erläuterung der historischen Entwicklung des Nachhaltigkeitsbegriffs, insbesondere im Kontext des Bauwesens, sowie die spezifischen Herausforderungen und Besonderheiten, die sich bei der Betrachtung von Nachhaltigkeit im Industriebau ergeben.

Im anschließenden Kap. 3 wird der aktuelle Kenntnisstand zur Nachhaltigkeit im Industriebau dargestellt. Dies beinhaltet eine Analyse verschiedener bestehender Daten aus Technik und Forschung, die es anschließend hinsichtlich des Anwendungspotentials für die eigene Arbeit und damit den zu erstellenden Leitfaden, auszuwerten gilt.

Das nachfolgende Hauptkap. 4 umfasst zunächst die konkrete Ableitung von Nachhaltigkeitskriterien aus Technik und Forschung in die Grundleistungen der LPH 6 bis 8. Diese Kriterien werden in einem Leitfaden zusammengefasst, der für jede LPH spezifische Ziele und Maßnahmen zur Berücksichtigung von Nachhaltigkeit in der Objektplanung enthält. Darüber hinaus werden Nachhaltigkeitsdimensionen, mögliche Anforderungen der EU-Taxonomie sowie die entsprechenden Zuständigkeiten den jeweiligen Maßnahmen zugeordnet. Um auch spezifische Projektanforderungen – etwa in Bezug auf die Wünsche des Bauherrn oder mögliche Nachhaltigkeitszertifizierungen – zu identifizieren, wird vor der konkreten Anwendung des Leitfadens ein Prüfschema eingesetzt, womit dieser hinsichtlich spezifischer Projektanforderungen angepasst oder erweitert werden kann.

Kap. 5 dient der Verifizierung des Leitfadens anhand eines Praxisprojekts. Hierbei wird das entwickelte Prüfschema sowie der Leitfaden exemplarisch auf ein ausgewähltes Industriebauprojekt angewendet. Als Grundlage dient ein aktuelles Projekt, das von der Kohlbecker Gesamtplan GmbH, einem Architektur- und Ingenieurbüro aus Gaggenau mit Schwerpunkt im Industriebau, als Generalplaner betreut wird.

Abgerundet wird die Arbeit durch den Schlussteil, welcher eine Zusammenfassung der Ergebnisse, eine kritische Analyse der gewonnen Erkenntnisse sowie einen Ausblick auf zukünftige Schritte, die über den Rahmen dieser Untersuchung hinausgehen, umfasst.

In Abb. 1.2 wird die gesamte Vorgehensweise übersichtlich dargestellt und zusammengefasst.

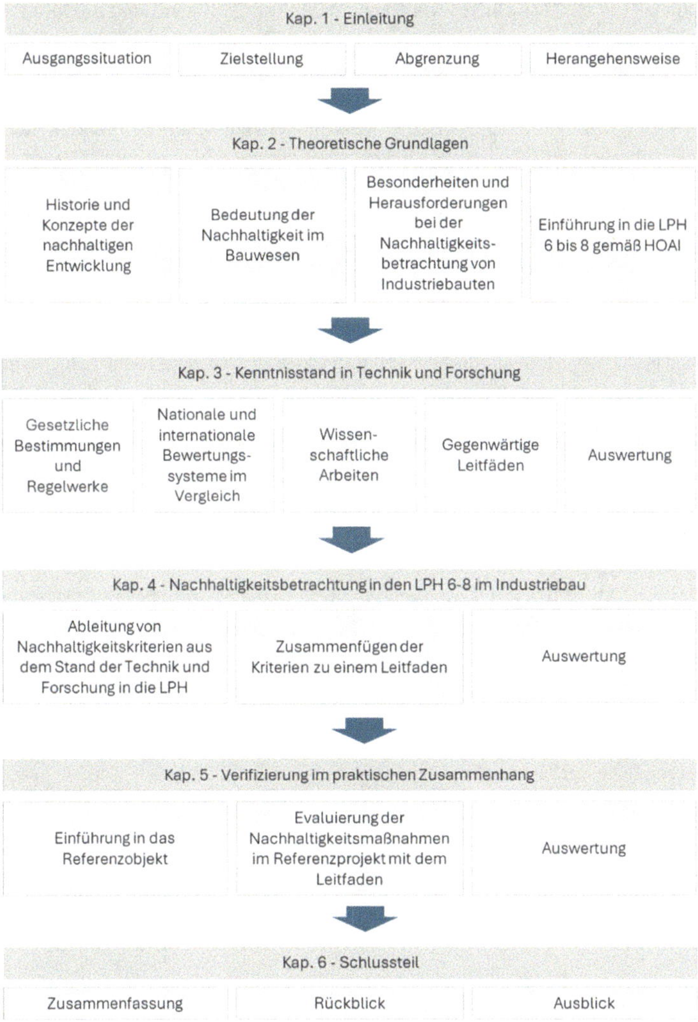

Abb. 1.2 Übersicht der Vorgehensweise

Literatur

1. Deutsche Gesellschaft für die Vereinten Nationen e. V. (2024). Ziele für Nachhaltige Entwicklung. https://dgvn.de/ziele-fuer-nachhaltige-entwicklung. Zugegriffen: 8. Juli 2024.
2. Angstmann, M., & Gärtner, S. (2023). Abriss, Neubau oder Sanierung – CO2-Emissionen im Gebäudesektor. Nicht nur sparsamer, sondern auch weniger. *Forschung aktuell,* Aufl. 09/2023.
3. Wand-Quassowski, M. (2024). Industriebau – Flächenverbrauch senken durch Wiederverwertung und Reduktion. https://www.bauen-aktuell.eu/flaechenverbrauch-senken-durch-wiederverwertung-und-reduktion-a-d6e2792fa7f4d1528b3603c42abf5711/. Zugegriffen: 26. Aug. 2024.

4. Umweltbundesamt. (2024). Energieverbrauch nach Energieträgern und Sektoren. https://www.umweltbundesamt.de/daten/energie/energieverbrauch-nach-energietraegern-sektoren#allgemeine-entwicklung-und-einflussfaktoren. Zugegriffen: 26. Aug. 2024.
5. Umweltbundesamt. (2024). Branchenabhängiger Energieverbrauch des verarbeitenden Gewerbes. https://www.umweltbundesamt.de/daten/umwelt-wirtschaft/industrie/branchenabhaengiger-energieverbrauch-des#der-energiebedarf-deutschlands. Zugegriffen: 26. Aug. 2024.
6. Sonntag, R., & Voigt, A. (2011). *Planungsleitfaden Zukunft Industriebau – Ganzheitliche Integration und Optimierung des Planungs- und Realisierungsprozesses für zukunftsweisende und nachhaltige Industriegebäude – Teil D: Planungssystematik.* Fraunhofer IRB Verlag.
7. Wollner, H. (2022). Alles andere als ökologisch: Elon Musks Gigafactory ist ein Gigaproblem. https://www.berliner-zeitung.de/open-source/alles-andere-als-oekologisch-elon-musks-gigafactory-ist-ein-gigaproblem-li.205361. Zugegriffen: 8. Juli 2024.
8. Rhomberg, H. (2023). Nachhaltigkeit im Bausektor – Nur wer nicht baut, baut nachhaltig. https://www.thepioneer.de/originals/thepioneer-expert/articles/nur-wer-nicht-baut-baut-nachhaltig. Zugegriffen: 26. Aug. 2024.
9. Bundesministerium des Innern, für Bau und Heimat (BMI). (2019). *Leitfaden Nachhaltiges Bauen – Zukunftsfähiges Planen, Bauen und Betreiben von Gebäuden.* 3. aktualisierte Aufl. BMI.
10. Jones Lang LaSalle. (2008). *Green Building – Nachhaltigkeit und Bestandserhalt in der Immobilienwirtschaft.* Jones Lang LaSalle.
11. Bartlett-Mattis, M. (2021). Nachhaltigkeit weiterdenken. https://trendreport.de/nachhaltig-bauen/#comments. Zugegriffen: 26. Aug. 2024.
12. ibau GmbH. (2024). Lebenszykluskosten. https://www.ibau.de/akademie/glossar/lebenszykluskosten. Zugegriffen: 18. Juli 2024.
13. Gewerbeaufsicht Baden-Württemberg. (2023). *Richtlinie über den baulichen Brandschutz im Industriebau (Industriebau-Richtlinie – IndBauRL),* in der Fassung von Dezember 2022, Vorschriftensammlung der Gewerbeaufsicht BW, Version 01/2023.

2 Theoretische Grundlagen

2.1 Historie und Konzepte der nachhaltigen Entwicklung

Zur Veranschaulichung des Ursprungs des Nachhaltigkeitsbegriffs und der bedeutendsten Meilensteine auf dem Weg zu einem nachhaltigen Fortschritt wird zunächst die Geschichte der Nachhaltigkeit und ihre Entwicklung erläutert.

Der Begriff „Nachhaltigkeit" hat seine Wurzeln in der Forstwirtschaft und wurde bereits vor mehr als 300 Jahren geprägt. Hans Carl von Carlowitz, ein sächsischer Oberberghauptmann, dokumentierte ihn erstmals 1713 in seinem Werk „Sylvicultura Oeconomica". Carlowitz definierte dabei Nachhaltigkeit als ein wirtschaftliches Prinzip zur Sicherstellung kontinuierlicher Holzlieferungen, bei dem nur so viel Holz entnommen werden sollte, wie durch Aufforstung nachwachsen konnte [1].

Erst wesentlich später wurde dieses Prinzip auf internationale Umweltstrategien übertragen. Das Jahr 1972 setzte mit der ersten weltweiten Umweltkonferenz in Stockholm den Auftakt für eine internationale Umweltpolitik. Ein erstmaliges Konzept der nachhaltigen Entwicklung wurde daraufhin 1987 von der Weltkommission für Umwelt und Entwicklung (World Commission on Environment and Development, WCED), welche von den Vereinten Nationen gegründet wurde, im Brundtland-Bericht vorgestellt. Aus diesem Bericht gehen nach Friedrichsen folgende zwei Prinzipien einer nachhaltigen Entwicklung hervor:

- Bedürfnisprinzip: Bekämpfung der Armut und die Sicherstellung der Grundbedürfnisse aller Menschen.
- Generationengerechtigkeit: Nutzung der natürlichen Ressourcen und der Umwelt in einer Weise, dass auch zukünftige Generationen ihre Bedürfnisse erfüllen können. [2]

A. Gerstner, *Implementierung von Nachhaltigkeitskriterien im Industriebau in den Leistungsphasen 6 bis 8*, Entwicklung neuer Ansätze zum nachhaltigen Planen und Bauen, https://doi.org/10.1007/978-3-658-47900-8_2

Dieser Bericht legte außerdem den Grundstein für die Umweltkonferenz 1992 in Rio de Janeiro, auf der internationale Abkommen und die Agenda 21, ein Entwicklungs- und Umweltaktionsprogramm mit konkreten Handlungsvorschlägen für das 21. Jahrhundert, zur Förderung nachhaltiger Entwicklung verabschiedet wurden. Deutschland hat sich ebenfalls verpflichtet und 2002 erstmals eine Nachhaltigkeitsstrategie beschlossen. Die grundlegende Leitlinie hierbei lautete *„Jede Generation muss ihre Aufgaben selbst lösen und darf sie nicht den kommenden Generationen aufbürden. Sie muss zugleich Vorsorge für absehbare zukünftige Belastungen treffen"* [3] und greift damit das Prinzip der Generationengerechtigkeit im Rahmen des Brundtland-Berichts erneut auf.

Seit der Rio-Konferenz fokussiert sich zudem eine nachhaltige Entwicklung nicht mehr ausschließlich auf den langfristigen Schutz von Umwelt und Ressourcen, sondern gleichermaßen auf die Erreichung sozialer und wirtschaftlicher Ziele. Damit umfasst eine nachhaltige Entwicklung die ökologische, ökonomische und soziale Dimension [2]. Demzufolge ist eine Zukunftsfähigkeit nur realisierbar, wenn alle Dimensionen gleichrangig und zeitgleich verwirklicht werden. Dabei sind sie voneinander abhängig und beeinflussen sich gegenseitig. Dies veranschaulicht auch die Grafik in Abb. 2.1. Eine detaillierte Erläuterung der Dimensionen erfolgt im weiteren Verlauf im Kontext des Bauwesens.

In den darauffolgenden Jahren wurden mehrere UN-Klimakonferenzen abgehalten. Die UN-Klimakonferenz 2015 in Paris mündete im Pariser Klimaschutzabkommen, das alle Länder dazu verpflichtete, spezifische Klimaschutzmaßnahmen zu erarbeiten, um bspw. die Erderwärmung auf 1,5 Grad Celsius zu begrenzen [4].

Im selben Jahr trat die Agenda 2030 der UN in Kraft, die als Erweiterung der bereits bestehenden Agenda 21 gilt. Wie bereits eingangs der Bachelorarbeit aufgegriffen, soll die Agenda 2030 durch 17 spezifische und messbare Nachhaltigkeitsziele eine weltweite nachhaltige Entwicklung bis 2030 fördern und umsetzen.

Um die Ziele der UN-Klimakonferenz in Paris und der Agenda 2030 auch auf nationaler Ebene zu verwirklichen, trat im Dezember 2019 das Bundes-Klimaschutzgesetz

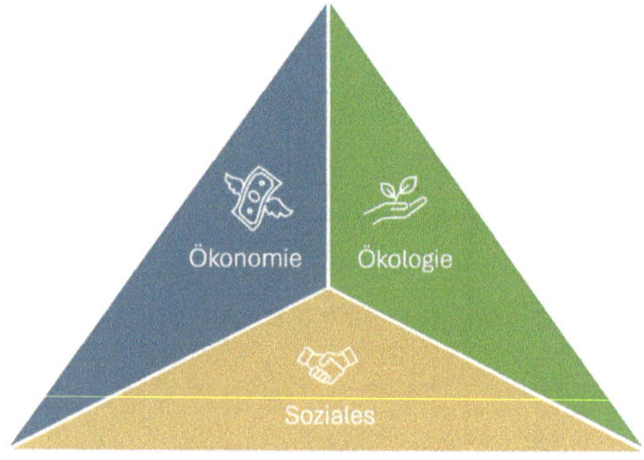

Abb. 2.1 Die drei Dimensionen der Nachhaltigkeit

(KSG) in Kraft. Dieses legt verbindliche Ziele zur Reduktion von Treibhausgasen für die Jahre 2020 bis 2050 in verschiedenen Sektoren fest. Da die vorhandenen Maßnahmen nicht zur Erfüllung der Klimaschutzziele ausreichten, wurden die Zielvorgaben 2021 verschärft. Demnach sollen die Treibhausgasemissionen in Deutschland bis 2030 um mindestens 65 % im Vergleich zu 1990 reduziert werden, bis 2040 um mindestens 88 %, und bis 2045 soll Klimaneutralität erreicht werden. So soll bspw. auch der Gebäudesektor seine Emissionen bis 2030 im Vergleich zu 1990 um mindestens 67 % verringern und bis 2045 klimaneutral sein. In regelmäßigen Abständen erfolgt eine Bewertung der Ziele. Bei Nichteinhaltung dieser muss die Bundesregierung entsprechende Anpassungen vornehmen [4].

Abschließend fasst Abb. 2.2 die Entwicklungen der Nachhaltigkeitsthematik in einem Zeitstrahl zusammen und zeigt die bedeutendsten Stationen auf. Dabei werden auch die wichtigsten Nachhaltigkeitsziele der Bundesrepublik Deutschland hervorgehoben, die in Zukunft erreicht werden sollen. Zur Überleitung zum Kontext Bauwesen ist in der Abb. 2.2 zudem der Gebäudesektor berücksichtigt.

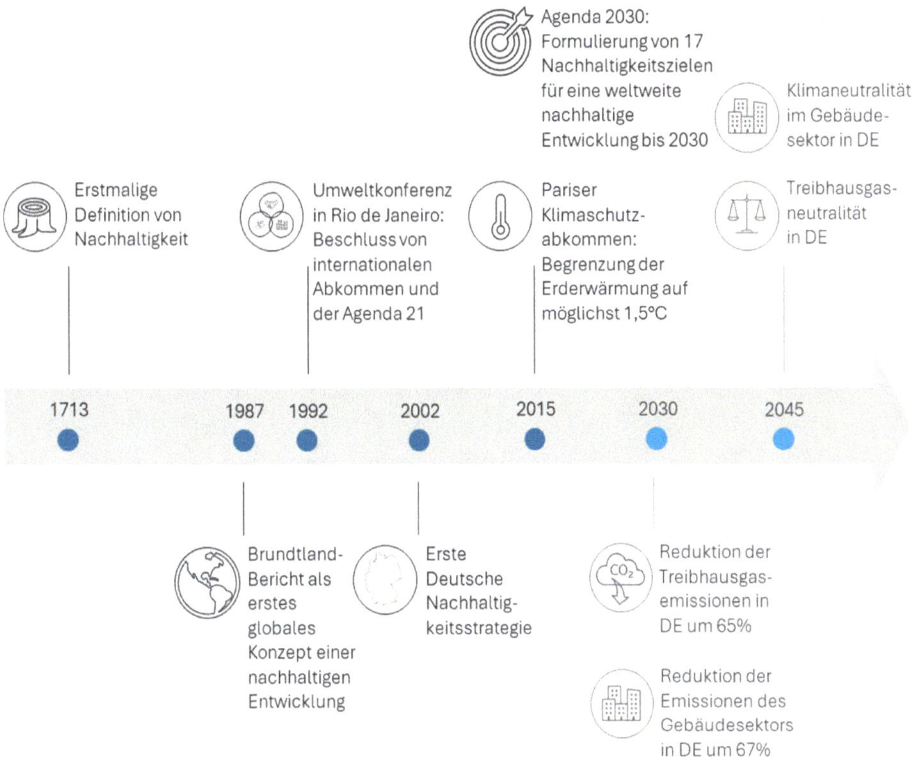

Abb. 2.2 Entwicklung der Nachhaltigkeitsthematik

2.2 Bedeutung der Nachhaltigkeit im Bauwesen

Die Bauindustrie trägt in erheblichem Maße zur nicht-nachhaltigen Lebensweise bei und verursacht durch den hohen Rohstoffverbrauch, beträchtliche Mengen an Abfall sowie erhebliche CO_2-Emissionen signifikante Umweltbelastungen [5, 6]. Die Abb. 2.3 zeigt eine Visualisierung dieser und weiterer Auswirkungen, die durch den Bau und Betrieb von Gebäuden in Deutschland entstehen. Die einzelnen Faktoren sind nach dem Grad ihrer Belastung positioniert und durch unterschiedlich große Kreise dargestellt. Größere Kreise repräsentieren dabei eine höhere Umweltbelastung.

Da sich die Lebensdauer von Neubauten weit in die Zukunft erstreckt, prägen diese den Energie- und Ressourcenverbrauch in den kommenden fünfzig bis achtzig Jahren erheblich. Um die globalen Klimaschutzziele zu erreichen, ist es damit entscheidend, dass diese Gebäude bereits heute unter energie- und ressourceneffizienten sowie klimafreundlichen Gesichtspunkten geplant, errichtet und betrieben werden [5]. Nachhaltigkeit spielt im Zuge dessen im Bauwesen eine zentrale Rolle und die Bauindustrie gilt als ein Schlüsselbereich zur Umsetzung nachhaltiger Ziele.

Der Ansatz des nachhaltigen Bauens verfolgt das Ziel, die Dimensionen Ökologie, Ökonomie und Soziales miteinander in Einklang zu bringen. Nachfolgend wird eine ausführliche Betrachtung dieser Dimensionen sowie weiterer relevanter Einflussfaktoren vorgenommen.

Der ökologische Aspekt umfasst den Schutz von Umwelt, Natur und Klima. Das primäre Schutzziel der Ressourcenschonung soll im Bausektor bspw. durch den Einsatz umweltfreundlicher Baumaterialien und -produkte, einer geringeren Flächenbeanspruchung, den Schutz und Erhalt der biologischen Vielfalt sowie die Reduktion des Energie- und Wasserverbrauchs erreicht werden. Dabei ist es wichtig, den gesamten Lebenszyklus eines Bauwerks in Betracht zu ziehen, einschließlich aller notwendigen Energie- und Materialflüsse von der Rohstoffgewinnung über den Transport und die

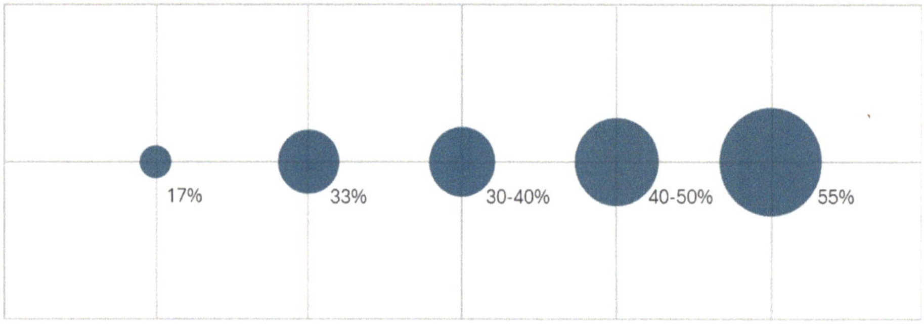

Abb. 2.3 Umweltauswirkungen des Bau- und Gebäudebetriebs in DE (in Anlehnung an [5, 6])

Errichtung bis hin zum Rückbau und dem möglichen Recycling von Baustoffen. Nur so lässt sich ermitteln, welche Materialien und Bauweisen am umweltschonendsten sind und wie Ressourcen bestmöglich bewahrt werden können [7].

Die ökonomische Dimension des Nachhaltigen Bauens beschäftigt sich hingegen mit der Gesamtwirtschaftlichkeit eines Gebäudes und berücksichtigt dabei, wie auch die ökologische Dimension, den gesamten Lebenszyklus. Dies wird durch die Berechnung von Lebenszykluskosten realisiert, welche nicht nur die Kosten für die Planung und Errichtung eines Bauwerks umfassen, sondern besonders auch die Folgekosten, wie Betrieb, Instandhaltung, Rückbau und die Verwertung des Gebäudes beleuchten sollen [7].

Bauwerke werden in der Regel über mehrere Jahrzehnte hinweg genutzt, wodurch sich die Folgekosten, insbesondere die Nutzungskosten, über einen langen Zeitraum akkumulieren. Mit einem Anteil von etwa achtzig Prozent stellen diese den größten Kostenposten dar, haben somit einen beträchtlichen Einfluss auf die Wirtschaftlichkeit und sollten keinesfalls unterschätzt werden [8]. Dies wird auch aus Abb. 2.4 ersichtlich, welche die prozentualen Anteile der einzelnen Phasen an den Lebenszykluskosten darstellt. Diese Aufteilung ist jedoch nicht eindeutig festgelegt und kann je nach Bauvorhaben variieren [10].

Ein zentraler Faktor bei der Betrachtung der Nutzungskosten ist die Nutzungsdauer und die daraus resultierenden langfristigen finanziellen Aufwendungen. Wie aus Abb. 2.4 ersichtlich, stellt die Nutzungsphase die längste Phase innerhalb des Lebenszyklus eines Gebäudes dar. Besonders bei einer angenommenen Nutzungsdauer von fünfzig Jahren summieren sich die Kosten für Betrieb, Instandhaltung, Reparaturen, Energiekosten und

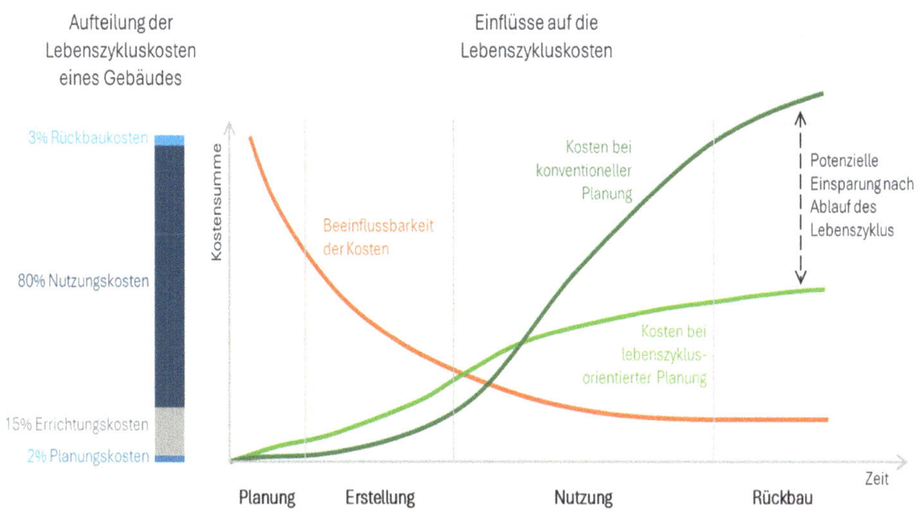

Abb. 2.4 Kostenanteile im Lebenszyklus eines Gebäudes und deren Grad der Beeinflussung (Nutzungsdauer 50 Jahre) (in Anlehnung an [9])

andere laufende Ausgaben erheblich [10, 11]. So können bspw. einzig die Energiekosten bis zu dreißig Prozent der gesamten Nutzungskosten ausmachen [8].

Darüber hinaus können innerhalb der Nutzungsdauer auch Nutzungsänderungen stattfinden, wie etwa Eingriffe in die Gebäudestruktur. Solche Änderungen können zu erheblichen zusätzlichen Kosten führen, die während der Nutzung des Gebäudes anfallen [12].

Schließlich sind die Nutzungskosten auch maßgeblich von der Qualität der Planung abhängig. Viele Faktoren, die die Höhe der Nutzungskosten beeinflussen, müssen bereits in den frühen Planungsphasen festgelegt werden. Dazu gehören z. B. die Wahl der Baumaterialien und technischen Anlagen, die Energieeffizienz des Gebäudes, die Zugänglichkeit für Wartungs- und Reinigungsarbeiten sowie die Flächenplanung und Raumaufteilung [11, 12].

Die Nutzungsphase stellt damit zwar anteilsmäßig die kostenintensivste Phase im Lebenszyklus eines Bauwerks dar, jedoch verteilen sich diese Ausgaben über einen langen Zeitraum, sodass die jährlichen Kosten sukzessive anfallen und ein Jahr der Nutzung erheblich kostengünstiger ist als ein Jahr der Errichtung. Zur Steigerung der Wirtschaftlichkeit eines Gebäudes ist es daher sinnvoll, dessen Nutzungsdauer so effektiv und lange wie möglich zu maximieren [8].

Weiterhin veranschaulicht das Diagramm in Abb. 2.4 die Einwirkung der Kosten bei einer lebenszyklusoptimierten Planung sowie die Beeinflussbarkeit dieser im Laufe der Projektphasen. Je früher Nachhaltigkeitskriterien in den Planungsprozess eines Gebäudes eingebunden und konkret definiert werden, desto besser können jene in die Kostenplanung integriert werden und damit im Gegensatz zu einer konventionellen Planung zu Einsparungen führen. Dies wird auch als integrale Planung bezeichnet. Die Investitionen in der Planungs- und Bauphase sind zwar höher als bei einer herkömmlichen Herangehensweise, jedoch fallen die Gesamtkosten während der Nutzungs- und Rückbauphase durch eine lebenszyklusorientierte Planung signifikant geringer aus [9].

Die Kostenkurve in orange zeigt deutlich, dass die Beeinflussbarkeit der Kosten in der frühen Planungsphase eines Projekts am größten ist. Mit fortschreitendem Projektverlauf nimmt diese jedoch ab. Sobald ein Bauwerk errichtet ist, sind Änderungen stets mit erheblichem Aufwand und damit Mehrkosten verbunden. Um die Kosten somit möglichst niedrig zu halten und zusätzliche Ausgaben, bspw. durch Änderungen, zu vermeiden, ist eine sorgfältige und optimierte Planung von großer Bedeutung. Dies trägt dazu bei, die Gesamtkosten über den gesamten Lebenszyklus eines Bauwerks zu reduzieren. [8].

Neben der Analyse der Lebenszykluskosten und der Zielsetzung, diese zu reduzieren und somit die Wirtschaftlichkeit zu verbessern, stellt die Wertstabilität ein weiteres zentrales Ziel der ökonomischen Perspektive dar [7]. Diese bezieht sich auf die Erhaltung oder Steigerung des Wertes eines Gebäudes im Laufe der Zeit. Eine umfassende

Lebenszyklusplanung, hohe Bauqualität und nachhaltige Baupraktiken tragen dazu bei, die Anfälligkeit von Bauwerken für Wertverluste zu minimieren, was langfristig die wirtschaftliche Effizienz und Attraktivität des Gebäudes erhöht.

Zuletzt erfolgt die Erläuterung der sozialen Dimension. Diese umfasst die soziokulturellen Auswirkungen eines Bauwerks und berücksichtigt die Wahrnehmungen und Bedürfnisse der Menschen und Nutzer. Hierzu zählen insbesondere immaterielle Aspekte wie Gesundheit, Lebensqualität und Mobilität sowie Gleichberichtigung, Mitbestimmung, Bildung und kulturelle Diversität. Daneben sind aber auch Aspekte wie Funktionalität und Ästhetik von Bedeutung, um bspw. auch eine gestalterische und städtebauliche Qualität zu sichern [7].

Die Bedeutung der Nachhaltigkeit im Bauwesen spiegelt sich somit in der ganzheitlichen Betrachtung der drei Dimensionen Ökologie, Ökonomie und Soziales wider. Ebenso sind, wie bereits dargelegt, die Lebenszyklus-Betrachtung und die integrale Planung von großer Bedeutung.

Zusätzlich zu den drei Dimensionen der nachhaltigen Betrachtung von Bauwerken sollten auch die funktionale und technische Qualität sowie die Prozessqualität berücksichtigt werden. Diese Anforderungen ergeben sich aus der DIN EN 15.643 „Nachhaltigkeit von Bauwerken – Bewertung der Nachhaltigkeit von Gebäuden" [13]. Unter technischer Qualität werden bspw. bauphysikalische Aspekte wie Schall-, Brand- und Wärmeschutz sowie eine gute Demontagefähigkeit und eine hohe Resistenz gegenüber Naturkatastrophen verstanden. Die funktionale Qualität ist hingegen eng mit der sozialen Dimension verbunden, da sie sich an den spezifischen Nutzungsbedürfnissen orientiert. Dies beinhaltet z. B. die Thematik der Barrierefreiheit oder die Ausarbeitung eines Raumkonzeptes [7].

Ebenso beeinflusst die Qualität der entwurfs-, errichtungs- und betriebsbezogenen Prozesse die Nachhaltigkeit eines Bauvorhabens. Insbesondere durch den Planungsprozess, aber auch durch die Ausführung, wird entscheidend festgelegt, ob die angestrebte Bauqualität erreicht werden kann [7].

Zuletzt ist auch der Standort zum Teil mitbestimmend bei der Umsetzung von Nachhaltigkeitskriterien im Bauprozess. Dabei müssen die spezifischen Standortmerkmale und deren Auswirkungen berücksichtigt werden. Der Standort beeinflusst bspw. die Verfügbarkeit und den Zugang zu Ressourcen wie Wasser und Energie sowie das Ausmaß des Eingriffs in natürliche Ökosysteme, die Lebensqualität vor Ort oder die allgemeine Zugänglichkeit des Gebietes.

Abb. 2.5 verdeutlicht zusammenfassend, dass neben der Ökologie, der Ökonomie und den sozialen Aspekten auch die funktionalen und technischen Eigenschaften, die Prozessqualität sowie teilweise die Standortmerkmale entscheidend für die Nachhaltigkeitsbewertung von Gebäuden sind.

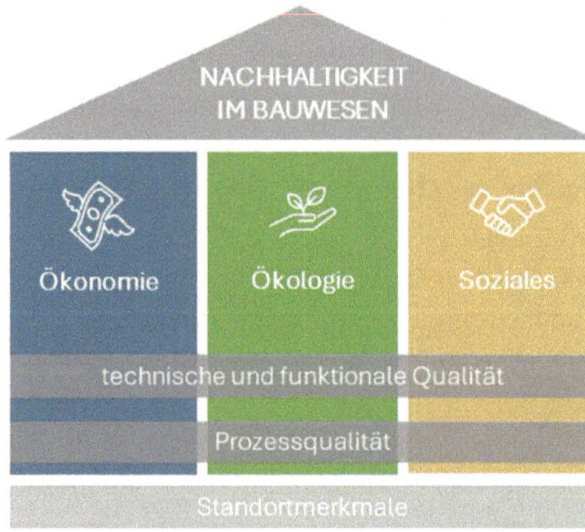

Abb. 2.5 Erweiterte Dimensionen der Nachhaltigkeit im Bauwesen (in Anlehnung an [14])

Somit werden die bisherigen drei Dimensionen der Nachhaltigkeit um zwei weitere messbare Nachhaltigkeitsqualitäten erweitert, ergänzt durch die Standortfaktoren. Der Grad der Nachhaltigkeit eines Bauwerks lässt sich auf dieser Grundlage beschreiben und bewerten. Alle Aspekte stehen dabei in direkter Wechselwirkung zueinander, um eine umfassende Betrachtung zu ermöglichen [14].

Resümierend gewinnt die Thematik der Nachhaltigkeitsbetrachtung im Bauwesen zunehmend an Bedeutung und spiegelt sich bspw. in der ganzheitlichen Betrachtung eines Bauwerks anhand der bereits mehrfach aufgegriffenen Dimensionen wider. Dabei spielen auch die Lebenszyklus-Betrachtung und der Aspekt der integralen Planung eine zentrale Rolle. Diese umfassende Herangehensweise wird durch eine Vielzahl von gesetzlichen Vorgaben und Richtlinien unterstützt, darunter Gesetze, Verordnungen oder z. B. auch Zertifizierungssysteme, sowohl innerhalb Deutschlands als auch auf europäischer und internationaler Ebene. Um deren Bedeutung und Einfluss auf die Nachhaltigkeit im Bauwesen ausführlich zu beleuchten, wird im späteren Teil dieser Arbeit intensiv auf diese eingegangen.

Schlussendlich ist damit die Auseinandersetzung mit dem Thema Nachhaltigkeit im Bauwesen unvermeidlich und die Integration nachhaltiger Praktiken unerlässlich. Dies wird sowohl durch politische Vorgaben wie die Nachhaltigkeitsziele als auch durch die dringende Notwendigkeit des Umweltschutzes bedingt. Um den Anforderungen an den Klimaschutz und die Ressourcenschonung gerecht zu werden, müssen Bauwerke über ihren gesamten Lebenszyklus hinweg nachhaltig geplant und betrieben werden, um dabei auch einen wesentlichen Beitrag zu einer nachhaltigen Entwicklung leisten zu können.

2.3 Besonderheiten und Herausforderungen bei der Nachhaltigkeitsbetrachtung von Industriebauten

Industriebauten stellen aufgrund ihrer spezifischen Eigenschaften und Anforderungen eine besondere Herausforderung für die Nachhaltigkeitsbetrachtung dar. Diese ist damit deutlich schwieriger als bspw. bei Einfamilienhäusern. Die speziellen Nutzungsanforderungen, die Größe und Komplexität von Industriebauten sowie z. B. der hohe Anteil an erforderlicher Technik tragen erheblich zur Schwierigkeit einer umfassenden Nachhaltigkeitsbetrachtung bei [15].

Hinzu kommt ein höherer Ressourcenverbrauch und Energiebedarf. Industriebauten tragen als ein großer Teil des Bausektors zu den dort überhöhten Emissionen und Umwelteingriffen bei, weshalb nachhaltige Lösungen auch in diesem Bereich besonders wichtig sind. Die Bauphase selbst verursacht bereits einen erheblichen Ressourcenverbrauch und Emissionen. Während des Betriebs steigen diese durch den Energiebedarf und den technischen Unterhalt nochmals erheblich an [15].

Um den spezifischen Anforderungen eines Industriebaus gerecht zu werden und die Besonderheiten sowie Herausforderungen bei der Nachhaltigkeitsbetrachtung von Industriebauten zu beleuchten, werden in diesem Kap. verschiedene relevante Aspekte aufgezeigt. Der Fokus liegt dabei ausschließlich auf der Planung und Realisierung von Industriebauten. Aspekte nachhaltigerer Produktionsprozesse werden in diesem Kontext nicht betrachtet.

2.3.1 Nutzungsanforderungen und Komplexität

Die Planung und Errichtung von Industriebauten ist zunächst aufgrund ihrer Größe und spezifischen Nutzungsanforderungen äußerst komplex und unterscheidet sich signifikant von der Planung von bspw. herkömmlichen Wohngebäuden. Darüber hinaus gibt es auch innerhalb von Industriebauten erhebliche Unterschiede in den Nutzungsanforderungen. So erfordert bspw. die Planung und Ausführung einer Lackiererei für Fahrzeuge deutlich größere Komplexitäten als die einer Montagehalle. Industriebauwerke werden häufig der Gebäudeklasse fünf (GK5) zugeordnet und gelten oftmals als Sonderbauten, was gemäß der Landesbauordnung Baden-Württemberg (LBO BW) zu erhöhten Anforderungen führt und spezielle Regelungen im Rahmen der Planung notwendig macht [16]. Diese Regelungen betreffen unter anderem die Sicherheit, wobei der Brandschutz eine zentrale Rolle einnimmt. Als Sonderbauten und GK 5-Gebäude unterliegen Industriebauten strengeren Brandschutzvorschriften.

Die IndBauRL und die LBO BW enthalten damit spezifische Vorgaben u. a. zur Feuerwiderstandsfähigkeit der Bauteile, zur Brennbarkeit der Baustoffe, zur Größe der Brandabschnitte und zur Anordnung der Rettungswege. Aufgrund der Produktionsprozesse und der eingesetzten Maschinen müssen insbesondere die Brandlasten berücksichtigt werden, um ein hohes Sicherheitsniveau zu gewährleisten [16, 17]. Dies führt zu

Einschränkungen bei bspw. der Auswahl der Baustoffe und damit auch der Nachhaltigkeitsbetrachtung, da nur Materialien verwendet werden können, die den strengen Anforderungen an den Brandschutz entsprechen.

Weiterhin müssen bei der Planung von Industriebauten zahlreiche Faktoren, wie der Standort, die Organisationsstruktur des Unternehmens und bestehende Standards berücksichtigt werden. Im Rahmen der Standortwahl kann es erforderlich sein, neue Gebäude in bestehende Werke oder Bereiche zu integrieren, was häufig den Abriss bestehender Gebäude und die Anpassung an die vorhandene Infrastruktur verlangt. Diese Anforderungen erhöhen die Komplexität der Planung erheblich und erfordern sorgfältige Koordination und Abstimmung [12].

Des Weiteren verfügen insbesondere große Unternehmen oftmals über bereits etablierte Standards, die zunächst auf Nachhaltigkeit ausgerichtet werden müssen. Darüber hinaus erfordert die Planung von Raumkonzepten und Flächenstrukturen besondere Aufmerksamkeit, da Industriebauten häufig in verschiedene Nutzungszonen unterteilt werden, die den unterschiedlichen Funktionen und Anforderungen gerecht werden müssen. Dies umfasst Bereiche wie Produktion, Lagerung, Verwaltung und Sozialräume [18].

In Branchen wie der Automobilindustrie sind im Produktionsbereich große, stützen- und wandfreie Flächen von zentraler Bedeutung. Dies erfordert den Einsatz von Konstruktionen mit großen Spannweiten. Oftmals sind auch spezielle statische Maßnahmen erforderlich, insbesondere wenn z. B. Kranausrüstungen oder Förderbänder für Fahrzeuge benötigt werden. Darüber hinaus müssen die Fundamente und die gesamte Tragwerksplanung den Anforderungen schwerer Maschinen und Produktionsanlagen gerecht werden, was zusätzliche statische Überlegungen und besondere bauliche Maßnahmen notwendig macht [18].

Damit sind auch zugleich die technischen Anforderungen an ein Industriegebäude äußerst komplex. Die technischen Infrastrukturen umfassen eine Vielzahl von Maschinen und Anlagen, die sowohl in ihrer Größe als auch in ihrer Komplexität variieren und neben der Statik auch hohe Anforderungen an Energieversorgung, Kühlung, Belüftung und Sicherheit stellen. Dies umfasst damit auch die Bereitstellung der Technischen Gebäudeausrüstung (TGA), die alle technischen Systeme umfasst, die für den Betrieb eines Gebäudes notwendig sind, wie Heizungs-, Lüftungs-, Klima- und Sanitäranlagen. In Industriebauten sind diese Systeme oft besonders facetten- und umfangreich, da sie spezifisch auf die Anforderungen der Produktion abgestimmt sein müssen [18].

Klima- und Belüftungsanlagen sind bspw. häufig erforderlich, um in Produktionsbereichen mit besonderen Hygieneanforderungen oder in der Lebensmittel- und Pharmaindustrie ein kontrolliertes Produktionsumfeld zu gewährleisten, indem sie Temperatur, Luftfeuchtigkeit und Luftqualität regulieren. Nachhaltige Lösungen müssen damit so konzipiert werden, dass sie diese hohen technischen und energetischen Anforderungen erfüllen, ohne die Produktionsprozesse zu beeinträchtigen [18].

Dies erfordert ein tiefes Verständnis der technischen Anforderungen sowie eine enge Zusammenarbeit aller Projektbeteiligten. Aufgrund des Projektumfangs und der Vielfalt der Anforderungsbereiche sind zahlreiche Akteure in einem Industrieprojekt involviert, darunter Bauherren, Architekten, Ingenieure, Fachplaner, Produktionsplaner und Vertreter der öffentlichen Verwaltung [12]. Jeder dieser Beteiligten bringt eigene fachliche Anforderungen und Prioritäten mit, die in Einklang gebracht werden müssen, was eine interdisziplinäre Zusammenarbeit unabdingbar macht [19].

Zuletzt sind die Aspekte der Wandlungsfähigkeit und des Lebenszyklus entscheidend bei der Planung von Industriebauten und elementar für die Nachhaltigkeitsbetrachtung. Die Wandlungsfähigkeit eines Industriebaus bezieht sich auf die Fähigkeit des Gebäudes, sich an veränderte Nutzungsanforderungen und Produktionsprozesse anzupassen. Industriebauten durchlaufen im Laufe ihrer Lebensdauer häufig mehrere Betriebszyklen, in denen sich die Anforderungen an die Nutzung des Gebäudes erheblich ändern können (vgl. Abb. 2.6) [18].

Im Bereich der Wandlungsfähigkeit wird zwischen den Aspekten Variabilität und Flexibilität unterschieden.

Variabilität bezeichnet die Anpassungsfähigkeit innerhalb einer definierten Grundgesamtheit. Im Kontext eines Industriegebäudes bedeutet dies die Fähigkeit, auf interne Veränderungen wie Nutzungsanpassungen oder Modifikationen im Produktionsablauf am gleichen Standort zu reagieren. Flexibilität hingegen beschreibt die Veränderungsfähigkeit der gesamten Einheit. Für ein Industriegebäude umfasst dies die Möglichkeiten zur Expansion, Reduktion oder Standortverlagerung [20].

Ein wandlungsfähiges Gebäude ermöglicht eine flexible Neugestaltung der Innenräume und eine Anpassung der technischen Infrastruktur, ohne dass umfangreiche und kostenintensive Umbauten erforderlich sind. Dies trägt nicht nur zur Kosteneffizienz bei, sondern reduziert auch den Ressourcenverbrauch und die Umweltbelastung [12]. Diese Aspekte müssen bereits in der Planungsphase berücksichtigt werden, um die

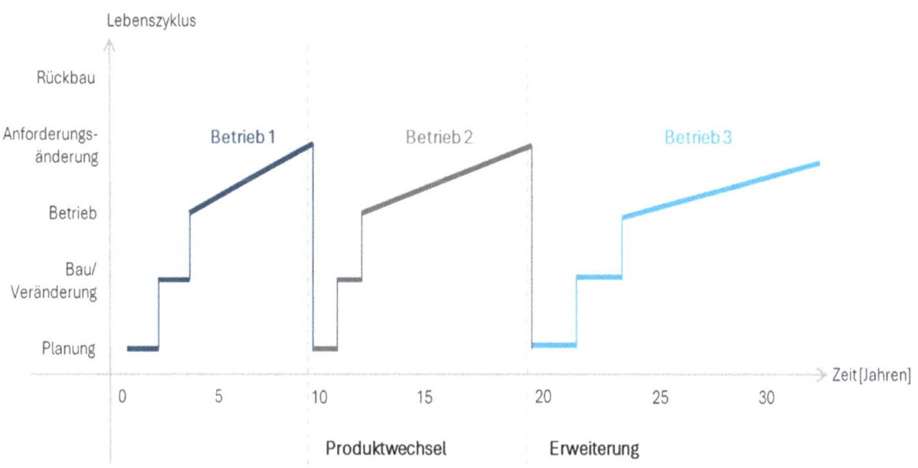

Abb. 2.6 Beispielhafte Anforderungsänderungen entlang eines Gebäudelebenszyklus (in Anlehnung an [18])

Tab. 2.1 Unterteilung der Gebäudeelemente in drei Systemstufen (in Anlehnung an [21])

Systemstufe	Primärstruktur	Sekundärstruktur	Tertiärstruktur
Bauteile	Erschließung, Tragstruktur, Gebäudehülle (Fassade, Dach)	Innenausbau (Wände, Böden, Decken), feste haustechnische Installationen, Maschinen, Anlagen	Maschinen, Anlagen, Einrichtung, Mobiliar
Lebensdauer	50–100 Jahre	15–50 Jahre	5–15 Jahre
Vergleich der Lebensdauern	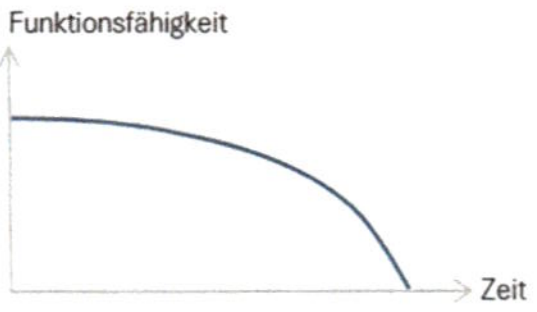	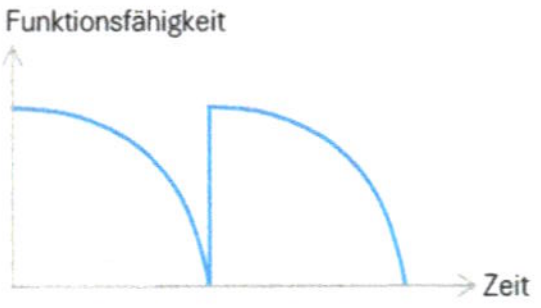	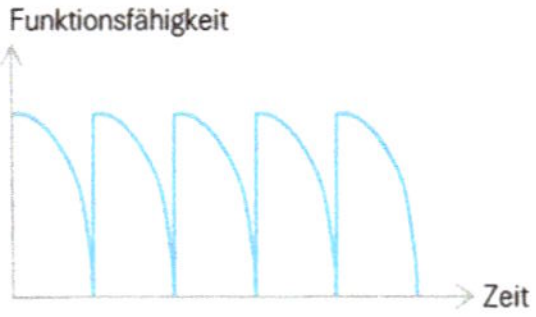

Wandlungsfähigkeit eines Industriebaus und damit die Förderung von Nachhaltigkeit im Rahmen einer Umwandlung sicherzustellen.

Ein häufig angewandter Ansatz ist dabei z. B. die bewusste Überdimensionierung von Tragwerkskonstruktionen wie Stützen, Trägern oder Decken, um zukünftige Nutzungsänderungen zu ermöglichen und die Flexibilität des Gebäudes zu erhöhen. Diese Vorgehensweise sollte jedoch nur dann in Erwägung gezogen werden, wenn eine hohe Wahrscheinlichkeit für Nutzungsänderungen besteht, um unnötige Mehrkosten und einen erhöhten Ressourcenverbrauch zu vermeiden [12].

Wie bereits in Abb. 2.4 und 2.6 veranschaulicht, unterliegt ein Gebäude verschiedenen Lebenszyklen, die wiederum eng mit Umwandlungsprozessen verknüpft sind. Die Herausforderung beim Industriebau besteht damit nicht nur in Anpassungen durch bspw. Umnutzungen oder Erweiterungen, sondern auch in der Berücksichtigung der unterschiedlichen Lebenszyklen der Gebäudeelemente. Bei einer gesamtheitlichen Betrachtung müssen daher auch die drei Teilsysteme Primär-, Sekundär- und Tertiärstruktur, in welche ein Gebäude untergliedert ist, betrachtet werden [21]. Diese Teilsysteme sind in der Tab. 2.1 aufgelistet.

Diese Differenzierung ist entscheidend, um Bauelemente entsprechend ihrer unterschiedlichen Lebensdauern und Zweckbestimmungen zu planen und umzusetzen. Dies vermeidet spezifische Anpassungen, die mit hohem Zeit-, Kosten- und Ressourcenaufwand verbunden sind [21]. So sollte bspw. das Einbetonieren von Leitungen vermieden werden und stattdessen separate Schächte dafür vorgesehen werden, um die Zugänglichkeit zum Austausch zu gewährleisten (vgl. Abb. 2.7). Denn Leitungen gehören zur Sekundärstruktur und haben daher eine geringere Lebensdauer als die Tragkonstruktion, welche dem Primärsystem angehört.

Abb. 2.7 Beispielhafte Leitungsführung in einem Schacht

Abb. 2.8 Einbringöffnung für technische Anlagen in eine Technikzentrale

Des Weiteren ist auch die Lebensdauer von Maschinen und technischen Geräten zu beachten, die für gewöhnlich ebenfalls der Sekundär- oder sogar der Tertiärstruktur angehören. Abb. 2.8 zeigt eine Einbringöffnung in eine Technikzentrale eines Industriegebäudes. Über diese Öffnung wurden die technischen Geräte eingebracht. Da unmittelbar unterhalb der Öffnung nun ein Lüftungsgerät platziert ist, kann diese nicht mehr als Austauschöffnung fungieren. Bei einem möglichen Ersatz von Maschinen müssen daher zeit- und kostenintensive Notlösungen gefunden werden. Dies verdeutlicht, dass durch eine sorgfältige Trennung und Berücksichtigung der Teilsysteme Anpassungen effizienter und nachhaltiger realisiert werden können.

Zusammenfassend lässt sich festhalten, dass Industriebauten von einer Vielzahl an Faktoren beeinflusst werden, die sowohl in der Planungs- als auch in der Ausführungsphase sorgfältig berücksichtigt werden müssen. Diese wesentlichen Faktoren sind in der nachfolgenden Abb. 2.9 übersichtlich dargestellt.

2.3.2 Herausforderungen der Materialwahl für nachhaltige Industriebauten

Bei der Betrachtung von Referenzprojekten im Industriebau wird deutlich, dass im Hinblick auf die Materialienauswahl bewährte Baustoffe wie Stahl und Beton dominieren und wesentliche Bestandteile der Konstruktionen darstellen. Diese Materialien bieten zahlreiche Vorteile hinsichtlich Tragfähigkeit und Dauerhaftigkeit und wirken auch im Verbund sehr gut. Allerdings sind sie auch mit erheblichen Herausforderungen verbunden, insbesondere im Hinblick auf ihre Herstellung, die zumindest beim Beton mangelnde Recyclingfähigkeit sowie den damit einhergehenden hohen Ressourcen- und Energieverbrauch [22].

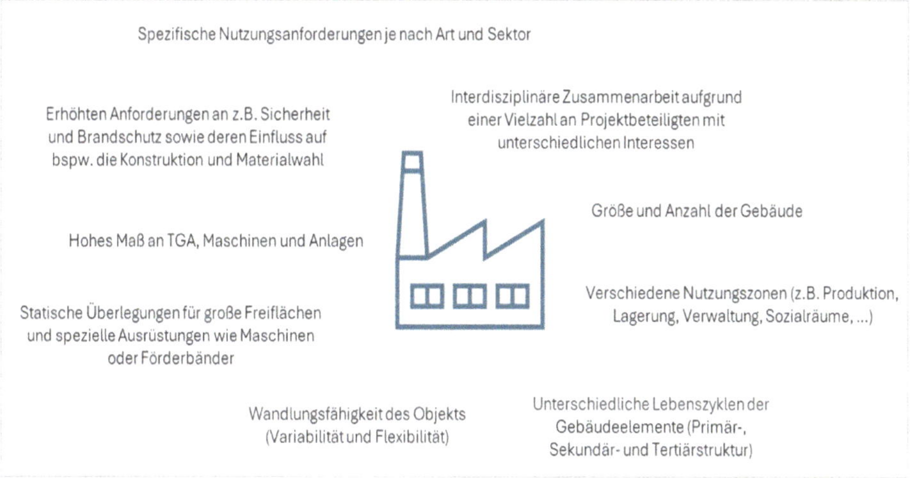

Abb. 2.9 Einflussfaktoren bei der Planung und Ausführung von Industriebauten

Nachstehend erfolgt eine genaue Betrachtung dieser Baustoffe.

Stahl ist ein hochfester, duktiler Baustoff und bietet eine sehr gute Tragfähigkeit bei geringem Eigengewicht, was große Spannweiten, kleine Querschnitte und effiziente Grundrisse begünstigt. Durch einen hohen Vorfertigungsgrad, leichte Transportmöglichkeiten sowie hohe Flexibilitäten in der Ausführung ergibt sich eine kurze Bauzeit. Durch die modulare Leichtbauweise können die Elemente zudem einfach getrennt und demontiert werden. Zuletzt kann Stahl vollständig und beliebig oft recycelt und damit dem Wirtschaftskreislauf zugeführt werden. Durch diese Wiederverwendbarkeit muss dieser nicht entsorgt werden [23].

Trotz dieser Vorteile und insbesondere der hohen Recyclingfähigkeit führt die Herstellung von Stahl dazu, dass die Stahlindustrie zu den klimaintensivsten Teilsektoren der Wirtschaft zählt. In Deutschland nimmt sie mit einem Anteil von dreißig Prozent die Spitzenposition bei den industriebedingten Emissionen ein und ist damit für etwa sieben Prozent der nationalen Treibhausgasemissionen verantwortlich. Um die Klimaziele zu erreichen, ist daher eine schnelle und konsequente Dekarbonisierung sowie das alternative Zurückgreifen auf nachhaltigere Baustoffe zwingend erforderlich [24].

Auch Beton, insbesondere in Kombination mit Stahl als Stahlbeton, hat sich als bewährter Baustoff im Industriebau etabliert und ist nicht ohne Grund der weltweit am häufigsten verwendete Baustoff [23]. Die Kombination von Beton und Stahl vereint die Druckfestigkeit von Beton mit der Zugfestigkeit von Stahl, was zu einer hohen Belastbarkeit und Langlebigkeit führt. Ein weiterer wesentlicher Vorteil dieser Materialkombination liegt darin, dass Stahl und Beton nahezu identische Wärmeausdehnungskoeffizienten aufweisen. Dadurch dehnen sich beide Materialien bei Temperaturänderungen in gleichem Maße aus oder ziehen sich zusammen, was die Entstehung innerer Spannungen und Rissbildungen verhindert. Diese thermische Kompatibilität trägt weiterhin maßgeblich zur langfristigen Stabilität und Langlebigkeit der Konstruktion bei. Demnach machen diese Eigenschaften Stahlbeton zu einer unverzichtbaren Komponente in der Bauindustrie. Auch aufgrund seiner bauphysikalischen Eigenschaften hinsichtlich Brand-, Schall-, Wärme und Feuchteschutz kommt dieser häufig zur Anwendung. Des Weiteren ermöglicht der Einsatz von Betonfertigteilen eine hohe Vorfertigung und schnelle Baufortschritte [23].

Analog zum Stahl weist allerdings auch Beton einen beträchtlichen Klimafußabdruck auf. Für dessen Herstellung werden neben Kies, Wasser und Sand vor allem Zement als Bindemittel benötigt. Dies stellt ein erhebliches Klimaproblem dar, da die Produktion von Zement hohe Treibhausgasemissionen verursacht. Allein in Deutschland wurden 2022 etwa 28 Mio. Tonnen Zement verbraucht [25]. Global gesehen verursacht die Zementproduktion etwa acht Prozent der weltweiten Treibhausgasemissionen [26].

Obwohl Beton eine gewisse Recyclingfähigkeit aufweist, sind die Recyclingprozesse sehr energieintensiv und führen häufig zu unzureichenden Produkten, was die Effizienz des Recyclings mindert [26]. Ein zusätzlicher Energieaufwand resultiert z. B. aus der Zerkleinerung des Betons und der Entfernung von Fremdstoffen wie Bewehrungsstahl, was zudem spezialisierte Maschinen erfordert [27]. Darüber hinaus weist das Ergebnis des Recyclingprozesses oft eine minderwertige Qualität auf. Die Gesteinskörnung und die übrigen Bestandteile des recycelten Betons können stark variieren, was seine Anwendungsmöglichkeiten einschränkt. Bspw. ist recycelter Beton oft nur bis zu einer bestimmten Druckfestigkeit einsetzbar, etwa bis zur Festigkeitsklasse C30/37, und seine Verwendung hängt zudem von der jeweiligen geforderten Expositionsklasse ab. In der Praxis findet Recyclingbeton daher häufig nur in weniger anspruchsvollen Anwendungen wie im Straßenbau, etwa als Trag- oder Frostschutzschicht, Verwendung [28].

Energetische Vorteile ergeben sich weiterhin auch nur bei kurzen Transportwegen, was z. B. eine ausreichende Zahl an Recyclingunternehmen in der Nähe voraussetzt [29, 30].

Somit ist Betonrecycling zwar technisch möglich, aber stellt nicht immer die ökologisch und ökonomisch effizienteste Lösung dar. Schlussendlich ist jedoch nach wie vor der Zementeinsatz bei der Betonproduktion maßgeblich für die hohen Emissionen verantwortlich [29, 30].

Um damit die Umweltauswirkungen langfristig zu minimieren, müssen verstärkt Maßnahmen ergriffen werden, darunter bspw. die Entwicklung klimafreundlicherer Herstellungsverfahren für Zement, das Erforschen und Erproben von Alternativen zu Zement als Bindemittel und Stahl als Bewehrung sowie die Verbesserung der Betonrecyclingprozesse. Aufgrund der vielfältigen Einsatzmöglichkeiten und der bauphysikalischen Eigenschaften kann Beton als Baustoff nicht vollständig ersetzt werden [26]. Dennoch sollte der Einsatz alternativer und vergleichbarer Baumaterialien verstärkt gefördert werden, um langfristig nachhaltigere Lebenszyklen zu erreichen und Emissionen zu reduzieren.

Holz kann als nachwachsender Rohstoff eine alternative Baumaterialoption darstellen. Trotz seiner langen Tradition als Baustoff ist Holz im Industriebau bisher weniger verbreitet. Dabei bringt Holz zahlreiche Vorteile mit sich. Der Baustoff weist hohe Festigkeiten auf, lässt sich sehr gut bearbeiten, ist im Vergleich zu Stahl und Beton wesentlich leichter und trägt durch seine natürlichen Eigenschaften zu einer angenehmen Raumatmosphäre bei, was sich positiv auf das Raumklima und die Behaglichkeit auswirkt [23].

Obwohl es sich bei Holz um einen brennbaren Baustoff handelt, hat dieser längst gezeigt, dass er im Brandfall eine schützende Kohleschicht auf der Oberfläche bildet. Diese Kohleschicht schützt das Innere des Bauteils und bewahrt somit die Tragfähigkeit und Stabilität des Holzes über einen längeren Zeitraum. Dennoch wird Holz gemäß DIN 4102-1 als „normal entflammbar" eingestuft, was seine Anwendung im Industriebau einschränkt, da hier gemäß der IndBauRL strengere Brandschutzanforderungen insbesondere für tragende Bauteile, Dämmungen und Verkleidungen gelten, die Holz ohne zusätzliche Maßnahmen nur schwer erfüllen kann [17, 31].

Die Verwendung von Holz im Industriebau ist jedoch nicht ausgeschlossen. Die „Muster-Richtlinie über brandschutztechnische Anforderungen an hoch feuerhemmende Bauteile in Holzbauweise"

(M-HFHHolzR) enthält dabei spezifische Anforderungen für Bauwerke der Gebäudeklassen vier und fünf und bietet detaillierte Regelungen zur Planung, Bemessung und Ausführung der verschiedenen Bauteile. Dadurch wird es möglich, Industriebauten zumindest teilweise aus Holz zu realisieren [32].

Zuletzt ist auf den sehr bedeutenden Aspekt der Nachhaltigkeit von Holz einzugehen. Wie bereits aufgegriffen ist dies ein nachwachsender Rohstoff, der zudem CO_2 bindet. Damit erweist sich auch der Energieaufwand für die Gewinnung des Baustoffs, für dessen Transport und die Nutzung bis zur Errichtung des Gebäude und dem schlussendlichen Rückbau bzw. Recycling als deutlich geringer im Vergleich zu den anderen Baumaterialien [23]. Die Nachhaltigkeit von Holz als Rohstoff ist allerdings nur dann gewährleistet, wenn dieses Holz aus regionalen Wäldern stammt und nicht über große Entfernungen transportiert werden muss. Denn der Transport führt zu erheblichen Treibhausgasemissionen und erhöht somit den ökologischen Fußabdruck dieses Rohstoffes beträchtlich. Darüber hinaus ist es unerlässlich die Wälder nicht flächendeckend abzuholzen. Dies greift wiederum das von Hans Carl von Carlowitz definierte Prinzip der Nachhaltigkeit auf, nur so viel Holz dem Wald zu entnehmen, wie er durch natürliche Wachstumsprozesse regenerieren kann [1]. Nur durch die Einhaltung dieser Grundsätze kann gewährleistet werden, dass Holz als nachwachsender Rohstoff eine umweltfreundliche und nachhaltige Ressource bleibt.

Auf Grundlage der Untersuchung der verschiedenen Baumaterialien zeigt Abb. 2.10 einen zusammenfassenden direkten Vergleich dieser Materialien und bewertet damit auch deren Eignung für den Industriebau.

Stahl zeichnet sich im Industriebau durch eine hohe Tragfähigkeit, große Spannweiten und Flexibilität aus, während Beton durch seine Druckfestigkeit und bauphysikalischen

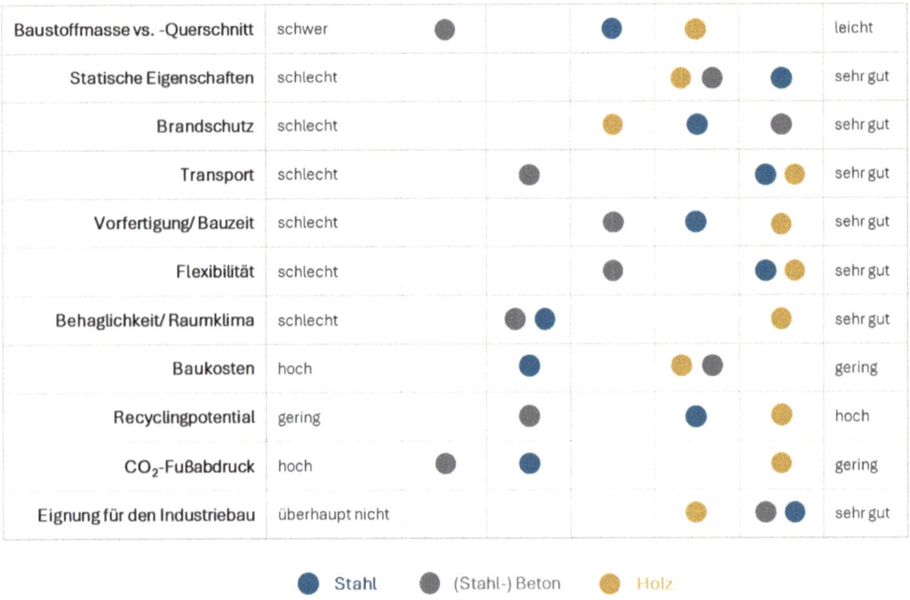

Abb. 2.10 Baustoffe im Vergleich (in Anlehnung an [22, 23])

Eigenschaften überzeugt. Holz hingegen punktet insbesondere in den Bereichen Ökologie und Behaglichkeit. Trotz der oft kritisierten Brand- und Materialeigenschaften von Holz im Industriebau wurden brandschutztechnische Vorschriften, Holzbautechniken und verschiedene Behandlungsmethoden entwickelt, die Holzbaustoffe inzwischen als geeignet für Industrie- und Gewerbebauten anerkennen. Moderne Holzprodukte wie Brettschichtholz (BSH) und Brettsperrholz (BSP) bieten zudem Festigkeiten und Stabilitäten, die mit Beton und Stahl vergleichbar sind.

Obwohl bewährte Baustoffe wie Stahl und Beton aus Gewohnheit und planerischen Überlegungen oft bevorzugt werden, ist die Vorstellung, Holz keine Chance zu geben, überholt [33]. Hybridbauwerke, die sowohl Holz als auch Stahl oder Beton integrieren, eignen sich besonders gut und tragen zur Nachhaltigkeit bei. Während Beton und Stahl weiterhin eine Rolle im Industriebau spielen werden, muss deren Herstellung und gesamter Lebenszyklus aufgrund des hohen Energie- und Ressourcenverbrauchs optimiert werden, um umweltschonendere Techniken zu entwickeln und damit auch bspw. die Klimaziele erreichen zu können [26].

2.3.3 Wirtschaftlicher Druck

Investitionsentscheidungen gehören zweifellos zu den bedeutendsten Entschlüssen, die in einem Unternehmen getroffen werden müssen [34]. Dies gilt insbesondere auch für die Planung und Errichtung von Industriebauten, bei denen erhebliche Ressourcen über einen langen Zeitraum gebunden werden und die strategische Ausrichtung des Unternehmens maßgeblich beeinflusst wird.

Aus diesem Grund bleibt die Wirtschaftlichkeit ein zentrales Anliegen bei Industriebauprojekten. Unternehmen verfolgen im Rahmen von Bauinvestitionen das Ziel, eine zeitnahe und angemessene Rentabilität zu erreichen, die finanzielle Sicherheit zu erhöhen und zusätzliche Gewinne zu erzielen [34].

Investitionskosten im Baubereich werden heutzutage häufig primär anhand der Planungs- und Erstellungskosten einer Immobilie getroffen, was sie einem erheblichen wirtschaftlichen Druck aussetzt [2]. Folglich konzentrieren sich viele Unternehmen bei der Planung von Industriebauten schwerpunktmäßig auf die Minimierung der Baukosten und eine schnelle Fertigstellung. Nachhaltigkeitsaspekte werden dabei oftmals vernachlässigt.

Fortlaufend werden einige Gründe und mögliche Konsequenzen einer Nichtintegration des Nachhaltigkeitsaspekts bei der Planung und Errichtung von Industriebauwerken aufgeführt.

Zunächst können die initialen Baukosten bei einer nachhaltigen Planung höher ausfallen als bei konventionellen Bauprojekten, die Nachhaltigkeitsaspekte nicht verstärkt berücksichtigen [7]. Dies liegt daran, dass nachhaltige Bauprojekte oft zusätzliche Planungs- und Materialkosten erfordern. Im Bereich der Planung umfasst dies bspw. eine integrale Betrachtung des gesamten Lebenszyklus eines Gebäudes. Dies erfordert eine umfassende Zusammenarbeit aller Beteiligten und den Einsatz spezieller Tools und Methoden, was die Komplexität und damit die Kosten der Planung erhöht [15]. Materialtechnisch müssen im Zuge eines nachhaltigen Bauprozesses langlebigere und umweltfreundliche Baustoffe verwendet werden, die häufig mit höheren Kosten verbunden sind. Zudem spielen im Industriebau weitere Maßnahmen zur Energieeffizienz und Ressourcenschonung eine bedeutende Rolle, welche sich auf die Kosten der TGA sowie der Maschinen und sonstigen Anlagen auswirken [7].

Allerdings können diese höheren Anfangskosten durch niedrigere Betriebskosten und eine längere Lebensdauer ausgeglichen werden, was langfristig wirtschaftliche Vorteile bringt. Diese Feststellung wurde bereits anhand der Abb. 2.4 erläutert.

Damit liegt ein häufiger Fehler darin, kurzfristige Kosteneinsparungen zu priorisieren, um die Anfangsinvestitionen gering zu halten. Eine integrale Planung und die Betrachtung des vollständigen Lebenszyklus zeigen jedoch deutlich, dass bei der Nichtberücksichtigung dieser Faktoren wesentlich höhere Folgekosten in Form von Betriebs-, Instandhaltungs- und Rückbaukosten auftreten [7].

Diese Auswirkungen führen unter anderem zu einer erhöhten Umweltbelastung aufgrund eines enormen Energie- und Ressourcenbedarfs, der z. B. durch die Verwendung nicht nachhaltiger Baustoffe, ineffizienter Baumethoden und technischer Anlagen entsteht. Angesichts der zunehmenden Bedeutung der Nachhaltigkeit kann die Vernachlässigung dieser Aspekte zu negativer Publicity und einer schlechteren Marktstellung führen. Dies resultiert daraus, dass Verbraucher und Geschäftspartner zunehmend nachhaltig und umweltbewusst agierende Unternehmen bevorzugen [34]. Darüber hinaus sind Unternehmen ab einer bestimmten Größe und in spezifischen Branchen zunehmend durch gesetzliche Bestimmungen und Regelungen verpflichtet, ihre Praktiken nachhaltiger zu gestalten, was den Druck zur Implementierung nachhaltiger Maßnahmen weiter erhöht [6].

Obwohl die Wirtschaftlichkeit demnach bei der Planung und Errichtung von Industriebauten eine dominante Rolle spielt, ist die Vernachlässigung von Nachhaltigkeitskriterien nur eine kurzsichtige Strategie. Die langfristigen Vorteile nachhaltigen Bauens, wie geringere Betriebskosten, eine verbesserte Marktstellung und Anpassungsfähigkeit an zukünftige Regulierungen, können die anfänglichen Mehrkosten überwiegen. Unternehmen sollten daher eine Balance zwischen wirtschaftlicher Effizienz und nachhaltiger Entwicklung anstreben, um zukunftsfähig und wettbewerbsfähig zu bleiben sowie einen Beitrag zu einer nachhaltigen Lebensweise leisten zu können.

2.3.4 Schwierigkeiten bei der Ausführung durch Bauunternehmen

Besonders im Rahmen der Ausschreibung, Vergabe und Ausführung nachhaltiger Bauprojekte im Industriebau stehen viele Bauunternehmen vor Herausforderungen, um den Anforderungen gerecht zu werden. Dies liegt hauptsächlich daran, dass die Expertise in nachhaltigen Baustoffen und entsprechenden Produkten im Industriebau noch nicht weit verbreitet ist, da insbesondere im Industriebau noch keine umfassenden Erfahrungen damit gesammelt wurden und viele Produkte noch in der Entwicklung sind und viele Firmen demnach „konventionelle" Bauweisen bevorzugen [35].

Diese Herausforderungen können sowohl für Planer als auch für ausführende Firmen zu Schwierigkeiten innerhalb der Ausschreibungs-, Vergabe- und Ausführungsprozesse führen.

Im sog. Leistungsverzeichnis (LV), welches eine detaillierte Aufstellung aller zu erbringenden Leistungen und Arbeiten eines bestimmten Gewerks darstellt und als Grundlage für die Erstellung von Angeboten durch Bauunternehmen dient [34], werden oftmals bereits nachhaltige Prozesse und Materialien definiert. Allerdings fehlt es den ausführenden Unternehmen häufig an der erforderlichen Expertise, und sie haben sich noch nicht ausreichend mit nachhaltigen Materialien und Vorgehensweisen auseinandergesetzt, was die Bepreisung der LVs erschwert.

Ein Beispiel aus dem Architektur- und Ingenieurbüro Kohlbecker verdeutlicht die Herausforderungen bei der Integration von Nachhaltigkeitsanforderungen in Ausschreibungen: Im LV für das Gewerk Fassade wurde in einer Positionsbeschreibung die Verwendung eines „CO_2-optimierten Stahlblechs" für die Außenschale angegeben. Innerhalb des Positionstextes finden sich hingegen keine konkreten Angaben wie Produktvorschläge wieder. Infolgedessen waren alle drei Bieter aufgrund der fehlenden detaillierten Informationen, wie ein spezifischer Produktname, und des mangelnden Verständnisses nicht in der Lage, diese Position zu bepreisen.

Schlimmstenfalls kann dies bei mehreren Positionen vorkommen, oder potenzielle Bieter geben aufgrund der Unsicherheit erst gar keine Angebote ab. Daher ist es von großer Bedeutung, dass Ausschreibungstexte detaillierte Angaben zu den gewünschten nachhaltigen Produkten und Materialien enthalten, einschließlich Herstellernamen und Produktspezifikationen, insbesondere in Fällen, in denen auf dem Markt noch wenig Erfahrung mit diesen Produkten besteht. Dies ermöglicht es den ausführenden Firmen, sich über die Produkte zu informieren, diese entsprechend zu bepreisen und bei einer Beauftragung auch regelkonform die Arbeiten auszuführen.

Im Gegenzug müssen sich auch Planer über Produkte und Vorgaben informieren und für die Integration von Nachhaltigkeit diese in die Musterausschreibungstexten integrieren, um damit auch Transparenz für die Bieter zu schaffen. Eine enge Zusammenarbeit mit Herstellern nachhaltiger Baumaterialien ist dabei essenziell. Zusätzlich können externe Beratungsfirmen hinzugezogen werden, die auf nachhaltige Praktiken im Baubereich spezialisiert sind. Diese Experten können durch ihre Erfahrung und Fachkenntnisse Unsicherheiten reduzieren und die Umsetzung von Nachhaltigkeitskriterien besonders im Ausschreibungs-, Vergabe- und Ausführungsbereich unterstützen, um damit die bereits aufgegriffenen Hindernisse zu vermeiden [35].

2.4 Einführung in die Leistungsphasen 6 bis 8 gemäß der Honorarordnung für Architekten und Ingenieure

Bereits der Titel dieser wissenschaftlichen Arbeit „Implementierung von Nachhaltigkeitskriterien im Industriebau in den Leistungsphasen 6 bis 8“ verdeutlicht, dass die LPH der HOAI in dieser Arbeit als Grundlage für die Integration von Nachhaltigkeitsaspekten dienen sollen.

Die HOAI ist eine bundesweit gültige Verordnung, die seit 1977 existiert und die Vergütung von Architekten- und Ingenieurdienstleistungen in Deutschland regelt. Nach diverser Überarbeitungen ist die derzeit gültige Fassung, die HOAI 2021, am 1. Januar 2021 in Kraft getreten. Mit dem Ziel, den Planern eine faire Vergütung zu garantieren und gleichzeitig den Auftraggebern (AG) eine hohe Qualität in den Bereichen Planung, Ausschreibung, Vergabe und Bauüberwachung zu sichern, wird das Honorar zwischen AG (Bauherr) und Auftragnehmer (AN) (Planer) gemäß den Bestimmungen der HOAI vereinbart. Dabei ist zu beachten, dass die HOAI nicht die zu erbringenden Leistungen des Planers festlegt. Diese richten sich nach den Bestimmungen des Werkvertrags gemäß dem Bürgerlichen Gesetzbuch (BGB) [36].

Untergliedert wird die HOAI in neun LPH, die den gesamten Planungs- und Bauprozess abdecken (s. Abb. 2.11). Grundlegend wird dabei zwischen verschiedenen Leistungsbildern unterschieden, welche detaillierte Beschreibungen der zu erbringenden Leistungen enthalten. Eine Differenzierung erfolgt z. B. zwischen der Flächenplanung, Objektplanung oder Fachplanung. Jedes Leistungsbild definiert „Grundleistungen“, welche für die ordnungsgemäße Ausführung eines Auftrags notwendig sind [37]. Daneben

Abb. 2.11 Leistungsphasen nach der HOAI

gibt es „besondere Leistungen", die aufgrund spezifischer Projektanforderungen zusätzlich notwendig werden, aber vor deren Ausführung das schriftliche Einverständnis der Vertragsparteien benötigen [36].

In dieser wissenschaftlichen Arbeit werden, wie zuvor abgegrenzt, einzig die Grundleistungen des Leistungsbilds „Gebäude und Innenräume" innerhalb der Objektplanung berücksichtigt, welche in Anlage zehn der HOAI aufgelistet sind.

Dabei decken die Phasen 1 bis 5 die Grundlagenermittlung, Vor-, Entwurfs-, Genehmigungs- und Ausführungsplanung ab. Diese umfassen die grundlegenden konzeptionellen und planerischen Schritte eines Bauprojekts, beginnend mit der Klärung der Anforderungen und Rahmenbedingungen. Darauf folgen die Entwicklung erster Planungskonzepte, deren Konkretisierung und die Erstellung von Entwurfsplänen. Anschließend werden Genehmigungsunterlagen erstellt, mit dem Ziel, eine behördliche Genehmigung zu erhalten. Schließlich erfolgt die detaillierte Ausführungsplanung, welche Ausführungs-, Detail- und Konstruktionszeichnungen beinhaltet. In Bezug auf die Kosten umfasst die LPH 2 eine Kostenschätzung, während in der LPH 3 eine detaillierte Kostenberechnung erfolgt [37].

Da die Einflussmöglichkeiten auf Bauprojekte in den frühen Planungsphasen am größten sind [38], sollten bereits während der Grundlagenermittlung konkrete Nachhaltigkeitsziele definiert und bspw. die Standortmerkmale hinsichtlich ihrer Nachhaltigkeit untersucht werden. Im Zuge der Vorplanung, bei welcher erste Konzepte ausgearbeitet werden, die in der Entwurfsplanung vertieft werden, gilt es auch hierbei im Rahmen der technischen, funktionalen und prozessbedingten Vorgaben sowie auch im Bereich der wirtschaftlichen, ökologischen und sozialen Komponenten den Nachhaltigkeitsaspekt zu berücksichtigen. Diese Überlegungen sollten im weiteren Verlauf präzise festgehalten und, falls erforderlich, erweitert werden [7]. In der Ausführungsplanung ist es entscheidend, die angestrebten Nachhaltigkeitsziele so genau wie möglich zu definieren, um Qualitätsverluste bei der Ausschreibung zu minimieren. Nach Abschluss der Planungsphasen sind Planungsänderungen nur noch eingeschränkt möglich und mit zusätzlichen Kosten verbunden [7].

Nach der Fertigstellung der Ausführungsplanung und damit dem Ende der Planungsphasen folgen die Ausschreibungs- und Vergabephase sowie anschließend die Phase der Objektüberwachung:

LPH 6 – Vorbereitung der Vergabe: In dieser Phase wird die Vergabe der Bauleistungen vorbereitet. Dies umfasst die Erstellung eines Vergabeterminplans sowie die Anfertigung von LVs, die im Regelfall auf Basis der Mengenermittlungen aus der Ausführungsplanung und in Abstimmung mit den Fachplanern erfolgt. Daraufhin werden die LVs bepreist und im Hinblick darauf die Kosten ermittelt. Anschließend erfolgt eine Kostenkontrolle, bei welcher die bepreisten LVs mit der Kostenberechnung aus LPH 3 verglichen werden. Den Abschluss dieser Phase bildet die Zusammenstellung der Vergabeunterlagen [37].
Im Kontext der Ausführungsplanung sollten die festgelegten Nachhaltigkeitsaspekte in die LVs integriert werden. Dies beinhaltet auch die Berücksichtigung zusätzlicher Nachhaltigkeitsanforderungen, die im Zuge der Bauausführung erfüllt werden müssen, wie bspw. ein Entsorgungskonzept, der Einsatz von Recyclingmaterialien oder spezielle Anforderungen an die Gesundheits- und Umweltverträglichkeit [7]. Darüber hinaus sollten nachhaltige Produktvorschläge und entsprechende Vorgaben an die ausführenden Unternehmen gemacht werden [38].

LPH 7 – Mitwirkung bei der Vergabe: Nach Abschluss der Vergabevorbereitungen erfolgt die Mitwirkung bei der Vergabe. Dies umfasst das Einholen, Prüfen und Bewerten von Angeboten, einschließlich der Erstellung eines Preisspiegels zur Beurteilung der Angebote. Zudem finden Gespräche mit den einzelnen Bietern statt, um das technische Angebot der Firmen zu betrachten. Dabei wird die Qualität der angebotenen Leistungen anhand einer fachlichen Bewertung der Angebote eingeschätzt. Zusätzlich können in kaufmännischen Gesprächen Verhandlungen über die Angebotssumme geführt werden. Alle diese Einzelgespräche werden protokolliert [39]. Anschließend wird je nach Gewerk oder Vergabeeinheit ein Vergabevorschlag erstellt und der Vergabeprozess, bspw. durch ein Vergabeprotokoll, weiterhin dokumentiert. In dieser Phase erfolgt zudem ein Abgleich der Ausschreibungsergebnisse mit den in LPH 6 erstellten bepreisten LVs oder der Kostenberechnung aus der Entwurfsplanung. Der Abschluss der LPH 7 seitens der Objektplanung erfolgt mit der Unterstützung bei der Auftragserteilung, wobei die ausgewählten Unternehmen ihre Aufträge erhalten. Das entsprechende Auftragsleistungsverzeichnis dient dabei als verbindlicher Vertragsbestandteil und bildet die Grundlage für die Ausführung der darin festgelegten Leistungen [39]. Die Beauftragung sollte allerdings aus Sicht der Nachhaltigkeit nicht nur aus ökonomischen Gesichtspunkten getroffen werden, sondern auch die ökologischen und sozialen Merkmale berücksichtigen und bewerten [38].

LPH 8 – Objektüberwachung: In dieser Phase wird die Bauausführung überwacht, um sicherzustellen, dass die Arbeiten den öffentlich-rechtlichen Vorgaben, den vertraglichen Vereinbarungen, den Ausführungsplänen sowie den einschlägigen Vorschriften und allgemein anerkannten Regeln der Technik entsprechen [37]. Hierzu ist der Bauablauf detailliert zu dokumentieren, bspw. durch ein Bautagebuch. Weiterhin sind die Termine, die Qualität und die Kosten kontinuierlich zu überwachen. Dies erfordert die Erstellung, Aktualisierung und Überwachung eines Terminplans. Zur Überprüfung der Kosten wird zunächst ein gemeinsames Aufmaß mit den ausführenden Unternehmen vorgenommen, gefolgt von der Prüfung der Aufmaße und der zugehörigen Rechnungen. Dabei ist eine kontinuierliche Kostenkontrolle durchzuführen, die die Abrechnungen der ausführenden Firmen mit den vertraglich vereinbarten Preisen der Leistungsverzeichnisse abgleicht. Nach Beendigung der auszuführenden Arbeiten gilt es die Abnahme zu organisieren und sich an öffentlichen Abnahmen z. B. der Behördenabnahme zu beteiligen. Alle festgestellten Mängel sind zu dokumentieren, und die anschließende Beseitigung dieser Mängel ist zu überwachen. Zum Abschluss dieser Phase erfolgt die Übergabe des Bauwerks an den AG, wobei alle relevanten Unterlagen, einschließlich Dokumentationen, Pläne und Berechnungen, zusammengestellt und übergeben werden müssen [37].
Aus der Perspektive der Nachhaltigkeit ist es besonders wichtig, die umgesetzten planerischen Aspekte umfassend zu dokumentieren. Dazu gehören Informationen über verwendete Produkte, Materialien und Sicherheitsdatenblätter, um den gesamten Lebenszyklus des Bauwerks bewerten zu können. Darüber hinaus ist die Einhaltung der in der Ausschreibung festgelegten Maßnahmen zur Bauausführung, wie Abfallmanagement, Verwertung und Recycling, zu überprüfen [38].

Nach dem Bauabschluss und der Übergabe des Objekts erfolgt die neunte und damit letzte LPH gemäße der HOAI. In der sog. Objektbetreuung geht das fertiggestellte Bauwerke in die Gewährleistungsphase über, welche nach der HOAI eine Dauer von fünf Jahren ab dem Zeitpunkt der Abnahme beträgt. Innerhalb dieser Frist auftretende Mängelansprüche müssen fachlich geprüft werden. Vor Ablauf der Verjährungsfrist wird eine zusätzliche Ortsbegehung durchgeführt, um eventuelle Mängel zu identifizieren und gegebenenfalls Gewährleistungsansprüche gegenüber den ausführenden Unternehmen geltend zu machen. Darüber hinaus ist eine Mitwirkung bei der Freigabe von Sicherheitsleistungen erforderlich [37].

Nach Abschluss der Planungs- und Bauphasen ist der Betrieb des Bauwerks zwar aus Sicht der HOAI nicht mehr Bestandteil des Auftrags. Dennoch hat eine auf Nachhaltigkeit ausgerichtete Planung und Ausführung das Potenzial, erhebliche Einsparungen bei den Folgekosten, insbesondere den Betriebskosten, zu erzielen [9]. Durch ein Betriebsmonitoring seitens des AGs können die tatsächlichen Energieverbräuche und Emissionen mit den geplanten Werten verglichen werden, wodurch Schwachstellen identifiziert und behoben werden können. Zusätzlich zu Energie- und Emissionsmessungen können auch spezifische Untersuchungen der Anlagen und Maschinen durchgeführt werden, um auch im Betrieb den Nachhaltigkeitsaspekt nicht zu vernachlässigen [38].

Literatur

1. Carlowitz, H. C. (1713). *Sylvicultura Oeconomica.* Johann Friedrich Braun.
2. Friedrichsen, S. (2024). *Nachhaltiges Planen, Bauen und Wohnen – Kriterien für Neubau und Bauen im Bestand* (3. aktualisierte und erweiterte Aufl.). Springer Vieweg.
3. Deutscher Bundestag. (2002). Bericht der Bundesregierung über die Perspektiven für Deutschland – Nationale Strategie für eine nachhaltige Entwicklung, 14. Wahlperiode, 25.04.2002.
4. Bundesamt für Justiz. (2024). Bundes-Klimaschutzgesetz (KSG), in der Fassung vom 12. Dezember 2019, letzte berücksichtigte Änderung vom 15. Juli 2024.
5. Bauer, M. et al. (2013). *Green Building – Leitfaden für nachhaltiges Bauen* (2. Aufl.). Springer Vieweg.
6. Gebetsroither, M., et al. (2024). *Paradigmenwechsel in Bau und Immobilienwirtschaft – Mit Kreislaufwirtschaft und Digitalisierung die Zukunft gestalten.* Springer Spektrum.
7. Bundesministerium des Innern Für Bau und Heimat (BMI). (2019). *Leitfaden Nachhaltiges Bauen – Zukunftsfähiges Planen, Bauen und Betreiben von Gebäuden* (3 aktualisierte Aufl.). BMI.
8. ibau GmbH. (2024). Lebenszykluskosten. https://www.ibau.de/akademie/glossar/lebenszykluskosten. Zugegriffen: 18. Juli 2024.
9. Jones Lang LaSalle. (2008). *Green Building – Nachhaltigkeit und Bestandserhalt in der Immobilienwirtschaft.* Jones Lang LaSalle.
10. Kalusche, W., & Bartsch, F. (2014). *Statistische Kennwerte von Betriebs- und Instandsetzungskosten.* Baukosteninformationszentrum Deutscher Architektenkammern – BKI: Nutzungskosten Gebäude – Statistische Kostenkennwerte.
11. Schönweitz, J. (2012). *Gebäude wirtschaftlich planen – Kalkulierbare, niedrige Lebenszykluskosten geben dem Bauherrn Kostensicherheit.* Mehrwert Generalplanung – Architekten und Ingenieure planen interdisziplinär, Lothar Niederberghaus.
12. Sonntag, R., & Voigt, A. (2011). *Planungsleitfaden Zukunft Industriebau – Ganzheitliche Integration und Optimierung des Planungs- und Realisierungsprozesses für zukunftsweisende und nachhaltige Industriegebäude – Teil D: Planungssystematik.* Fraunhofer IRB Verlag.
13. Deutsches Institut für Normung e. V. (2021 Dezember). *DIN EN 15643: Nachhaltigkeit von Bauwerken – Allgemeine Rahmenbedingungen zur Bewertung von Gebäuden und Ingenieurbauwerken.* Beuth Verlag.
14. Bundesinstitut für Bau-, Stadt- und Raumforschung (BBSR). (2010 Dezember). *Nachhaltiges Bauen: Strategien – Methodik – Praxis* (Ausgabe 14). BBSR-Berichte Kompakt.
15. Haugeneder, M., & Stift, F. (2016). *Nachhaltigkeit im Industriebau – Lebenszyklusorientierte Planung als Schlüssel zur Energieeffizienz.* https://www.dbz.de/artikel/dbz_Industriebau_Nachhaltigkeit_im_Industriebau_Lebenszyklusorientierte_Planung-2603080.html. Zugegriffen: 12. Juli 2024.
16. Beteiligungsportal Baden-Württemberg. (2012). Landesbauordnung für Baden-Württemberg (LBO), in der Fassung vom 5. März 2010, letzte berücksichtigte Änderung vom 25. Januar 2012.

17. Gewerbeaufsicht Baden-Württemberg. (2023). Richtlinie über den baulichen Brandschutz im Industriebau (Industriebau-Richtlinie – IndBauRL), in der Fassung von Dezember 2022, Vorschriftensammlung der Gewerbeaufsicht BW, Version 01/2023.
18. Laviola, C., & Rustom, S. (2011). *Planungsleitfaden Zukunft Industriebau – Ganzheitliche Integration und Optimierung des Planungs- und Realisierungsprozesses für zukunftsweisende und nachhaltige Industriegebäude – Teil E: Strukturen zukunftsfähiger Industriebauten*. Fraunhofer IRB Verlag.
19. Dombrowski, U., et al. (2011). *Planungsleitfaden Zukunft Industriebau – Ganzheitliche Integration und Optimierung des Planungs- und Realisierungsprozesses für zukunftsweisende und nachhaltige Industriegebäude – Teil A: Einleitung, Teil B: Szenariotechnik, Teil C: Lebenszyklusbetrachtung*. Fraunhofer IRB Verlag.
20. Wiendahl, H. P., et al. (2005). *Planung modularer Fabriken – Vorgehen und Beispiele aus der Praxis*. Hanser.
21. Rankwiler, B. (2017). Richtlinie Systemtrennung des Kantons Bern, in der Fassung vom 04. Dezember 2017.
22. Hofbauer, H. (2022). Nachhaltigkeitsbetrachtung im Industrie- und Gewerbebau –Vergleichende Lebenszyklusanalyse von unterschiedlichen Bauweisen anhand eines Tragwerksentwurfs für Hallenbau. Diplomarbeit, Technische Universität Wien.
23. Nothnagel, R., & Twelmeier, H. (2013). *Baustoff und Konstruktion – Festschrift zum 60. Geburtstag von Harald Budelmann*. Springer Vieweg.
24. Schreck, S. et al. (2023). *Klimaneutrale Stahlindustrie – Rahmenbedingungen für die Transformation in Deutschland*. Ausgabe von Mai 2023, Germanwatch e. V.
25. Verein Deutscher Zementwerke. (2023). Zementverbrauch in Deutschland in den Jahren 1980 bis 2022. https://de.statista.com/statistik/daten/studie/162203/umfrage/zementverbrauch-in-deutschland-seit-1958/. Zugegriffen: 15. Juli 2024.
26. Ballach, M., et al. (2019). *Klimaschutz in der Beton- und Zementindustrie – Hintergrund und Handlungsoptionen*. WWF Deutschland.
27. Simons, H. (2022). Beton: Der Baustoff von gestern? https://www.ibau.de/akademie/wissenswertes/beton-der-baustoff-von-gestern/. Zugegriffen: 18. Juli 2024.
28. Bundesinstitut für Bau-, Stadt- und Raumforschung (BBSR). (2024). Infoblatt Recyclingbeton. https://www.wecobis.de/bauproduktgruppen/massivbaustoffe-pg/beton-pg/recycling-beton-info.html. Zugegriffen: 18. Juli 2024.
29. Heyn, S., & Mettke, A. (2010). *Ökologische Prozessbetrachtungen – RC-Beton (Stofffluss, Energieaufwand, Emissionen)*. Brandenburgische Technische Universität Cottbus.
30. Weimann, K., & Hoffmann, C. (2013). Ressourceneffizienz im Betonrecycling – Rahmen und Möglichkeiten in Deutschland und der Schweiz, im Rahmen des Vortrag auf der Tagung R13 des ABW e. V.
31. Deutsches Institut für Normung e. V. (1998 Mai). *DIN 4102–1: Brandverhalten von Baustoffen und Bauteilen, Teil: Baustoffe – Begriffe, Anforderungen und Prüfungen*. Beuth Verlag.
32. Fachkommission Bauaufsicht der Bauministerkonferenz. (2021). Muster-Richtlinie über brandschutztechnische Anforderungen an Bauteile und Außenwandbekleidungen in Holzbauweise (MHolzBauRL), in der Fassung von Oktober 2020, letzte berücksichtigte Änderung vom 21. Juni 2021.
33. Lucas, E. (2020). Das Baumaterial der Zukunft ist Holz, Ausgabe 12. *BPD Magazin*.
34. Leimböck, E., et al. (2024). *Bauwirtschaft – Grundlagen und Methoden* (4. aktualisierte und erweiterte Aufl.). Springer Vieweg.
35. Gebäudeforum klimaneutral. (2024). Nachhaltiges Bauen und Sanieren. https://www.gebaeudeforum.de/wissen/nachhaltiges-bauen-und-sanieren/. Zugegriffen: 24. Juli 2024.

36. Meckmann, F. (2019). *Nachhaltiges Bauen – Anforderungen und Handlungsempfehlungen für die Anwendung der Leistungsbilder der HOAI.* Dissertation, Verlag der Technischen Universität Graz.
37. VOB/BGB/HOAI. (2023). *Vergabe- und Vertragsordnung für Bauleistungen Teil A und B/ Bauvertrag §§ 650 a-v/ Verordnung über Honorare für Leistungen der Architekten und der Ingenieure* (38. Aufl.). Beck Texte im dtv.
38. Brandin, T., et al. (2010 April). *Nachhaltigkeit im Industriebau – Leitfaden der AGI* (1. Aufl.). Arbeitsgemeinschaft Industriebau e. V. (AGI).
39. Jochem, R., & Kaufhold, W. (2016). *HOAI-Kommentar zur Honorarordnung für Architekten und Ingenieure* (6. Aufl.). Springer Vieweg.

3 Kenntnisstand in Technik und Forschung

Kap. 3 widmet sich der Analyse des aktuellen Kenntnisstands in Technik und Forschung zur Implementierung von Nachhaltigkeitskriterien im Industriebau. Zunächst werden gesetzliche Bestimmungen und Regelwerke untersucht, die von internationalen Rahmenwerken wie der UN-Agenda 2030 über EU-Richtlinien bis hin zu nationalen deutschen Gesetzen reichen. Im Anschluss erfolgt ein Vergleich nationaler und internationaler Bewertungssysteme, die als Instrumente zur Zertifizierung nachhaltiger Bauprojekte dienen.

Des Weiteren werden gegenwärtige wissenschaftliche Arbeiten daraufhin geprüft, ob bereits spezifische Forschungsergebnisse zur Implementierung von Nachhaltigkeitskriterien in den LPH 6 bis 8 der HOAI im Industriebau vorliegen. Bei Verfügbarkeit entsprechender Arbeiten werden deren Erkenntnisse direkt übernommen, andernfalls wird untersucht, inwieweit allgemeine Studien zum nachhaltigen Bauen auf die spezifischen Anforderungen des Industriebaues übertragbar sind. Ein identisches methodisches Vorgehen wird auch bei der abschließenden Analyse bestehender Leitfäden angewendet.

3.1 Gesetzliche Bestimmungen und Regelwerke

Die **Agenda 2030** der UN, mit ihren 17 Nachhaltigkeitszielen, und das **Pariser Klimaschutzabkommen**, das eine Begrenzung der globalen Erwärmung auf 1,5 Grad Celsius anstrebt, setzen wichtige globale Impulse für nachhaltigere Praktiken, einschließlich im Bausektor. Diese internationalen Rahmenwerke haben zu weitreichenden Verpflichtungen in der EU geführt, darunter das **Europäische Klimagesetz** von 2021, welches das Ziel der Klimaneutralität bis 2050 festlegt.

A. Gerstner, *Implementierung von Nachhaltigkeitskriterien im Industriebau in den Leistungsphasen 6 bis 8,* Entwicklung neuer Ansätze zum nachhaltigen Planen und Bauen, https://doi.org/10.1007/978-3-658-47900-8_3

Peter Hübner, Präsident des Hauptverbands der Deutschen Bauindustrie, betont, dass zur Erreichung dieses ambitionierten Ziels massive Investitionen notwendig sind, die nicht allein durch staatliche Mittel gedeckt werden können. Private Investitionen in nachhaltige Projekte werden daher immer entscheidender. [1]

In diesem Kontext wurde die **EU-Taxonomie** entwickelt, ein Klassifizierungssystem zur Einstufung wirtschaftlicher Aktivitäten als „nachhaltig", um Finanzströme in umweltfreundlichere Richtungen zu lenken. Dies erfordert im Bau- und Immobiliensektor die Erfüllung technischer Bewertungskriterien, wie Energieeffizienz, Nutzung erneuerbarer Energien und Lebenszyklusbetrachtungen von Gebäuden [1].

Im Industriebereich sind dabei ab dem Geschäftsjahr 2025 alle Unternehmen, die zwei der drei Kriterien – mehr als 250 Mitarbeiter, eine Bilanzsumme von mehr als 25 Mio. Euro oder einen Umsatz von mehr als 50 Mio. Euro – erfüllen, verpflichtet, ihre Nachhaltigkeit transparent offenzulegen. Die Anforderungen werden schrittweise erweitert, sodass ab 2026 auch alle kapitalmarktorientierten kleinen und mittleren Unternehmen (mit Ausnahme der Kleinstunternehmen) verpflichtet sind, über ihre Nachhaltigkeitsaktivitäten im Rahmen der EU-Taxonomie zu berichten. [2]

Besondere Relevanz in der Erfüllung der Taxonomie-Kriterien besteht weiterhin, da sie einen positiven Einfluss auf die Möglichkeiten zur Finanzierung und Kreditbeschaffung hat. Da Industriebauten häufig unter wirtschaftlichem Druck stehen und auf externe Geldgeber angewiesen sind [3], wird die Konformität mit der EU-Taxonomie zunehmend zu einem wichtigen Kriterium für die Sicherstellung der Finanzierung.

Zusammengefasst ermöglicht die EU-Taxonomie Auftraggebern im Industriebau, durch die Einhaltung klar definierter Nachhaltigkeitskriterien bessere Finanzierungsbedingungen zu erhalten. Besonders in einem Marktumfeld, in dem der Zugang zu Kapital und die Kontrolle über Kosten entscheidend sind, ist die Einhaltung dieser Kriterien von besonderer Bedeutung [3]. Daher ist es essenziell, bei der Integration von Nachhaltigkeitskriterien innerhalb der LPH 6 bis 8 und der Erstellung eines Leitfadens sicherzustellen, dass die technischen Kriterien der EU-Taxonomie berücksichtigt werden und bspw. in den LVs Anwendung finden. Dies gilt insbesondere für Unternehmen, die zur Offenlegung ihrer Nachhaltigkeitsaspekte verpflichtet sind. Die Einhaltung dieser Kriterien trägt nicht nur dazu bei, ein positives und nachhaltiges Unternehmensbild zu fördern, sondern verbessert auch die Chancen auf weitere Investitionen und Zugang zu Finanzmitteln, indem das Unternehmen als nachhaltig agierend wahrgenommen wird [4].

Daneben stellt auch das Deutsche Institut für Normung (DIN) viele technische Regelwerke bereit, die bei der Implikation von Nachhaltigkeitskriterien im Industriebau Anwendung finden können. Darunter findet sich die **DIN EN 15643 „Nachhaltigkeit von Bauwerken – Bewertung der Nachhaltigkeit von Gebäuden"**, auf welche sich bereits im Kap. 2 im Rahmen der Nachhaltigkeitsbedeutung im Bauwesen bezogen wurde. Diese Norm ist durch die Kennzeichnung „EN" eine europäisch geltende Norm und stellt Grundsätze und Anforderungen für die Bewertung von Gebäuden hinsichtlich ihrer ökologischen, ökonomischen und sozialen Qualität unter Berücksichtigung der technischen und funktionalen Eigenschaften bereit [5]. Wie bereits erläutert, ist es auch bei der Nachhaltigkeitsbetrachtung von Industriebauten elementar, Nachhaltigkeitskriterien umfassend und auf alle Dimensionen bezogen zu integrieren, weshalb es diese Norm im weiteren Verlauf zu berücksichtigen gilt.

Zusätzlich zu den EU-weiten Regelungen spielen auch nationale Vorschriften und Normen eine wichtige Rolle bei der Umsetzung von Nachhaltigkeitskriterien im Industriebau. Hierzu zählt das **Gebäudeenergiegesetz (GEG)**, das seit 2020 in Kraft ist und mehrere frühere Regelwerke konsolidiert, darunter die Energieeinsparverordnung (EnEV), das Energieeinsparungsgesetz (EnEG) sowie das Erneuerbare-Energien-Wärmegesetz (EEWärmeG). Das GEG legt die Anforderungen an die energetische Qualität von Gebäuden und die Nutzung erneuerbarer Energien fest. Es verlangt eine ganzheitliche Betrachtung des Energieverbrauchs, einschließlich der Berücksichtigung des Primärenergiebedarfs und der Anteile erneuerbarer Energien.

Auch für Industriebauwerke, die als Nichtwohngebäude klassifiziert werden, sind diese Anforderungen verbindlich. Das Gesetz legt spezifische Grenzwerte fest, die für alle Bauteile wie Außenwände, Fassaden und Dächer sowie für technische Anlagen wie Heizung, Warmwasser und Raumlufttechnik eingehalten werden müssen. Die energetischen Eigenschaften der Gebäudehülle werden durch den Wärmedurchgangskoeffizienten (U-Wert) beschrieben, der den Wärmestrom durch ein Bauteil bei einem bestimmten Temperaturunterschied misst. Ein niedriger U-Wert signalisiert eine gute Dämmwirkung, da weniger Wärme verloren geht, was zu einer höheren Energieeffizienz des Gebäudes führt. Diese Vorgaben müssen bereits in den Planungsphasen präzise berücksichtigt und eingehalten werden. Darüber hinaus sind die Anforderungen des GEG auch im Ausschreibungs-, Vergabe- und Ausführungsprozess von zentraler Bedeutung. So müssen die maximal zulässigen U-Werte in den Leistungsverzeichnissen der Ausschreibung angegeben werden, um sicherzustellen, dass die ausgeschriebenen Bauleistungen den energetischen Anforderungen entsprechen. Es ist auch üblich, Produktvorschläge zu machen, die gewährleisten, dass die vorgeschriebenen energetischen Standards erreicht werden. Notwendige Maßnahmen zur Qualitätssicherung, wie bspw. ein Blower-Door-Test, welcher zur Bestimmung der Luftdichtheit eines Gebäudes dient, sollten ebenfalls in die Ausschreibung integriert werden.

Während der Bauausführung ist es entscheidend, die fachgerechte Anwendung der ausgewählten Materialien und Systeme sicherzustellen. Dies umfasst die Überprüfung der Einhaltung der vorgeschriebenen U-Werte auf der Baustelle sowie die Dokumentation dieser Einhaltung, um die Konformität mit den GEG-Vorgaben zu gewährleisten.

Ebenso gilt die **Industriebaurichtlinie (IndBauRL)**, deren Vorschriften insbesondere hinsichtlich des Brandschutzes bereits in der Planungsphase berücksichtigt werden müssen. Diese Anforderungen sind nicht nur bei der Planung relevant, sondern müssen auch während der Ausschreibung, Vergabe und Ausführung in gleicher Weise wie die Anforderungen des GEG Anwendung finden.

Zuletzt ist auch die bereits in Kap. 2 erläuterte **Honorarordnung für Architekten und Ingenieure (HOAI)** für die Erstellung des Leitfadens von zentraler Bedeutung. Sie definiert unter anderem die Grundleistungen der LPH 6 bis 8, in welche die relevanten Nachhaltigkeitskriterien integriert werden sollen.

Zusammenfassend veranschaulicht die Grafik in Abb. 3.1 das Vorgehen bei der Berücksichtigung der gesetzlichen Bestimmungen und Regelwerke auf verschiedenen Ebenen und zeigt auf, inwiefern diese in die eigene Arbeit und damit in den zu erstellenden Leitfaden einfließen können.

Die **Agenda 2030**, das **Pariser Klimaschutzabkommen** und das **Europäische Klimagesetz** verdeutlichen die Notwendigkeit, im Gebäudesektor verstärkt nachhaltige Maßnahmen zu ergreifen. Diese Dokumente können damit in den LVs, insbesondere in den Vorbemerkungen, als Beleg für die Bedeutung der Nachhaltigkeitsthematik herangezogen werden.

Sollte die **EU-Taxonomie** verpflichtend sein, ist es von entscheidender Bedeutung, sie in das LV zu integrieren, sowohl in den Vorbemerkungen als auch in spezifischen Positionen, wie z. B. bei der Verwendung von Recycling-Produkten. Die Einhaltung der Taxonomie-Vorgaben muss dann während der Ausführung konsequent überprüft werden. Wenn die EU-Taxonomie nicht verpflichtend ist, sollte dennoch eine Entscheidung darüber getroffen werden, ob sie innerhalb der Ausschreibung und der Ausführung Berücksichtigung finden soll.

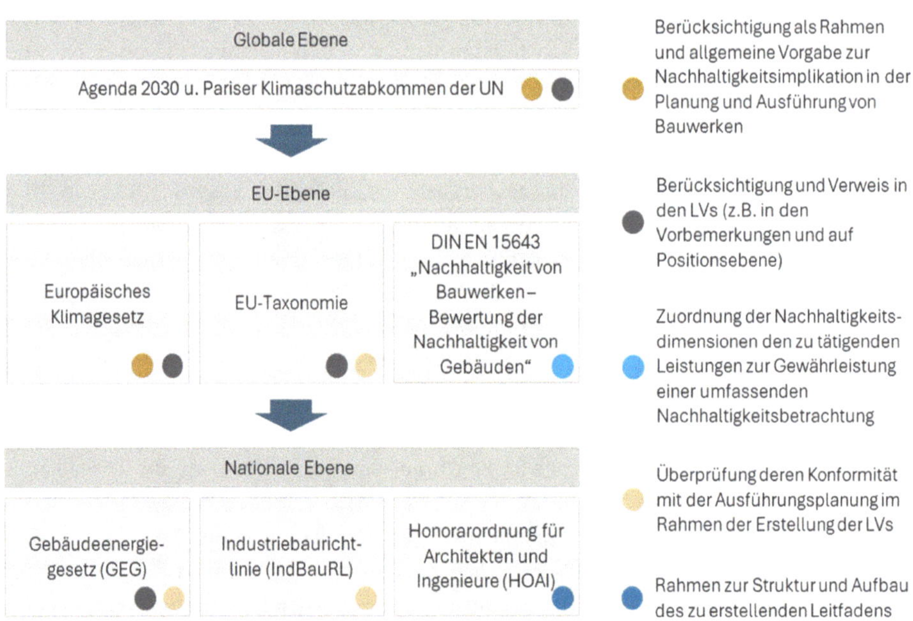

Abb. 3.1 Übersicht der anzuwendenden Bestimmungen und Regelwerke auf verschiedenen Ebenen

Die **DIN EN 15643** unterteilt die Nachhaltigkeitsthematik in verschiedene Dimensionen, die auch im Leitfaden berücksichtigt werden müssen. Dabei sollten die einzelnen Maßnahmen und Ziele den jeweiligen Dimensionen zugeordnet werden, um eine umfassende Betrachtung der Nachhaltigkeit zu gewährleisten und sicherzustellen, dass alle relevanten Aspekte einbezogen werden.

Das **GEG** gibt spezifische Vorgaben für Produkte und Ausführungen vor, die sowohl in den Vorbemerkungen als auch in den Positionen des LVs berücksichtigt werden sollten, um die Einhaltung der gesetzlichen Anforderungen sicherzustellen.

Hingegen erfordert die **IndBauRL**, deren Vorgaben idealerweise bereits in der Planungsphase Berücksichtigung finden sollten, eine Überprüfung der Konformität im Rahmen der Erstellung des LVs auf Basis der Ausführungsplanung und findet dabei allerdings keine konkrete Anwendung in der Ausschreibung.

Schließlich dient die **HOAI** als strukturelles Rahmenwerk für den Leitfaden, der sich über die LPH 6, 7 und 8 erstreckt. Die Grundleistungen der HOAI bilden die Basis des Leitfadens, wobei jede Leistung im Hinblick auf die Integration von Nachhaltigkeitsaspekten untersucht wird.

3.2 Nationale und internationale Bewertungssysteme im Vergleich

Bewertungssysteme zur Nachhaltigkeit im Bauwesen bieten eine verlässliche Methode, um nachhaltige Bauprojekte anhand messbarer Kriterienkataloge zu beurteilen, zu fördern und unterschiedliche Projekte miteinander zu vergleichen [2].

Sowohl national als auch international existiert eine Vielzahl verschiedener Zertifizierungssysteme (vgl. Abb. 3.2), die sich hinsichtlich ihrer thematischen Schwerpunkte und je nach Art des Bauprojekts unterscheiden.

Trotz dieser Vielfalt haben die am Markt gängigsten Systeme gemeinsam, dass sie Bauprojekte anhand eines integralen Nachhaltigkeitsansatzes bewerten. Dabei werden mindestens ökologische, soziale und ökonomische Faktoren im Rahmen eines Zertifizierungsprozesses berücksichtigt. [2]

Im Folgenden werden die drei Nachhaltigkeitszertifikate **BREEAM** (Building Research Establishment Environmental Assessment Methodology), **LEED** (Leadership in Energy and Environmental Design) und **DGNB** (Deutsches Gütesiegel für Nachhaltiges Bauen) näher betrachtet und in einer Analyse gegenübergestellt.

Die aus Großbritannien stammende Zertifizierung BREEAM gilt als Pionier unter den Nachhaltigkeitszertifikaten und wurde bereits 1990 eingeführt. Auf der Grundlage von BREEAM wurde acht Jahre später in den Vereinigten Staaten von Amerika das Zertifizierungssystem LEED entwickelt. In Deutschland hat sich seit 2009 das Zertifizierungssystem DGNB etabliert. [3]

Diese drei Bewertungssysteme verfolgen jeweils unterschiedliche Ansätze zur Bewertung der Nachhaltigkeit von Gebäuden. Sie unterscheiden sich unter anderem in

Abb. 3.2 Zertifizierungssysteme weltweit (in Anlehnung an [3])

ihren inhaltlichen Schwerpunkten, der Bewertungsmethodik sowie der Gewichtung der einzelnen Kriterien.

Eine detaillierte Gegenüberstellung dieser Systeme ist unter verschiedenen Kriterien in Tab. 3.1 dargestellt.

Bei der Bauwerksbewertung sind verschiedene Kriterien in unterschiedlichen Kategorien zu beachten, die systematisch anhand einer Checkliste überprüft werden. Je nach der Anzahl der erfüllten Kriterien ergibt sich ein bestimmter Punkte- bzw. Prozentsatz, der den Grad des Zertifizierungslevels und damit die Art des Zertifikats bestimmt.

Während LEED und BREEAM allerdings eine Bewertung nach dem Schema „erfüllt" oder „nicht erfüllt" vornehmen, bietet das DGNB-System differenzierte Abstufungen basierend auf Ziel-, Referenz- und Grenzwerten. Dies verhindert, dass einzelne Nachhaltigkeitsaspekte vollständig ausgeklammert werden [9].

Das DGNB-System bewertet zudem umfassender als LEED und BREEAM. Während die Zertifizierungen durch LEED und BREEAM oftmals mit dem Begriff „Green Building" assoziiert werden, da deren Kriterien schwerpunktmäßig im Bereich Ökologie liegen [9], berücksichtigt das DGNB-System die drei Dimensionen der Nachhaltigkeit – Ökologie, Ökonomie und Soziales – nahezu gleichwertig. Abb. 3.3 veranschaulicht hierzu die unterschiedlichen Gewichtungen der Nachhaltigkeitsdimensionen im Vergleich.

Die schlussendliche Wahl des geeigneten Zertifizierungssystems hängt von den spezifischen Bedürfnissen und Zielen des Projekts ab. Soll ein besonderer Fokus auf Ökologie

Tab. 3.1 Vergleich der Zertifizierungssysteme BREEAM, LEED und DGNB (in Anlehnung an [6, 7, 8, 11])

	BREEAM	**LEED**	**DGNB**
Zertifizierungssystem	Building Research Establishment Environmental Assessment Methodology	Leadership in Energy and Environmental Design	Deutsches Gütesiegel für Nachhaltiges Bauen
Logo	BREEAM®	U.S. GREEN BUILDING COUNCIL USGBC	DGNB
Zertifizierungsorganisation	United Kingdom Green Building Council (UKGBC)	U.S. Green Building Council (USGBC)	Deutsche Gesellschaft für nachhaltiges Bauen e. V. (DGNB)
Gründungsjahr	1990	1998	2007
Nachhaltigkeitskriterien/-dimensionen	Bewertung anhand von Nachhaltigkeitsindikatoren in folgenden Kategorien im Bereich Neubau in DE: • **Management** (z. B. Lebenszykluskosten und Lebensdauerplanung) • **Gesundheit & Wohlbefinden** (Bau- und Raumakustik, Thermischer Komfort) • **Energie** (z. B. Reduktion des Energieverbrauchs und der CO_2-Emissionen) • **Transport** (z. B. Mobilitätskonzept, Zugänglichkeit zu öffentlichem Nahverkehr) • **Wasser** (z. B. Wasserverbrauch, -monitoring) • **Material** (z. B. Materialeffizienz, Dämmung) • **Abfall** (z. B. Bauabfallwirtschaft, Recycelte Zuschlagsstoffe) • **Landnutzung & Ökologie** (z. B. Grundstücksauswahl, Auswirkungen auf die Biodiversität) • **Umwelt** (z. B. Abfluss von Oberflächenwasser, Immissionsschutz) • **Innovation**	Als Bewertungsgrundlage für einen Neubau dienen die 7 nachstehenden Kategorien: • **Lage und Verkehr** (z. B. Landschaftsschutz, Fahrradanlagen) • **Nachhaltiger Standort** (z. B. Standortbewertung, Regenwassermanagement) • **Wassereffizienz** (z. B. Trinkwassereinsparung im Gebäude und im Freien) • **Energie und Atmosphäre** (z. B. Optimierung der Energieeffizienz, Erzeugung erneuerbarer Energie) • **Materialien und Rohstoffe** (z. B. Abfallmanagement, Transparenz und Optimierung der Bauprodukteigenschaften) • **Innenraumqualität und Komfort** (z. B. Tageslicht, Raumakustik) • **Innovation und Regionale Prioritäten**	Die Bewertung umfasst die Untergliederung und Gewichtung innerhalb folgenden 6 Qualitäten: • **Ökologische Qualität** (z. B. Lebenszyklus-CO_2-Bilanz und Ökobilanz des Gebäudes, Biodiversität) • **Ökonomische Qualität** (z. B. Lebenszykluskosten, Anpassungsfähigkeit) • **Soziokulturelle und funktionale Qualität** (z. B. Thermischer Komfort, Barrierefreiheit) • **Technische Qualität** (z. B. Gebäudetechnik, Gebäudehülle) • **Prozessqualität** (z. B. Sicherung der Nachhaltigkeitsaspekte in Ausschreibung und Vergabe, Baustelle/Bauprozess) • **Standortqualität** (z. B. Mikrostandort, Verkehrsanbindung)

(Fortsetzung)

Tab. 3.1 (Fortsetzung)

	BREEAM	LEED	DGNB
Zertifikatlevels	• Befriedigend • Gut • Sehr gut • Exzellent • Herausragend	• Zertifiziert • Silber • Gold • Platin	• Bronze (ausschließlich für bestehende Gebäude und Gebäude im Betrieb) • Silber • Gold • Platin
Kategorisierung für den Industriebau	Abdeckung von Industriegebäuden innerhalb des Gewerbesektors als „Standard-Gebäudetyp“	Industriebauten fallen unter die Kategorisierung „Nicht-Wohngebäude“	Je nach Art des Industriebaus können diesem Nutzungsprofile zugeordnet werden, wie z. B. Logistikgebäude oder Produktionsstätte

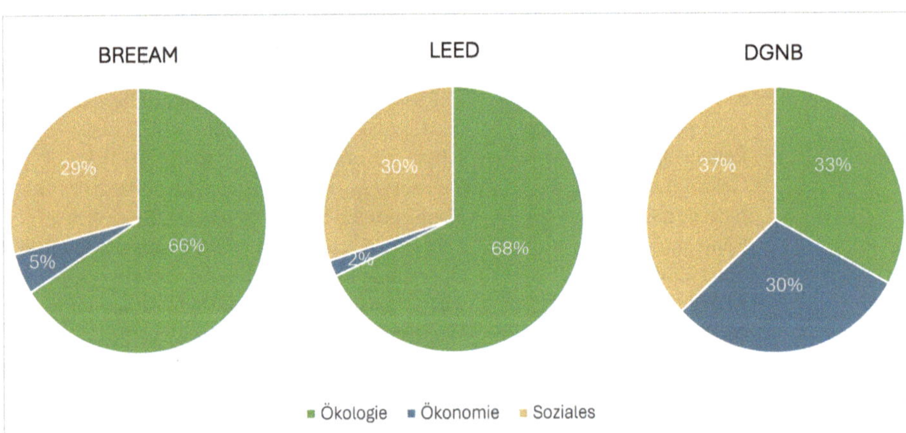

Abb. 3.3 Gewichtungen der drei Nachhaltigkeitsdimensionen im Vergleich (in Anlehnung an [10])

und Energieeffizienz gelegt werden, eignen sich LEED und BREEAM besser. Bei einer umfassenden Betrachtung, die die gleichwertige Berücksichtigung der drei Dimensionen der Nachhaltigkeit umfasst, ist das DGNB-System am besten geeignet. Auch Aspekte wie der Standort und die Art bzw. der Entwurf des Bauwerks spielen eine bedeutende Rolle.

Grundsätzlich können für Industriebauten alle drei erläuterten Zertifizierungssysteme berücksichtigt werden, wobei verschiedene Aspekte dieser Systeme im eigenen Leitfaden angewendet werden können. Die nachstehende Tab. 3.2 zeigt systemspezifischen Aspekte auf, die es dabei innerhalb der LPH 6 bis 8 weiterhin zu beachten gilt.

Tab. 3.2 Bewertung der Zertifizierungssysteme für die Implementierung in den LPH 6 bis 8 innerhalb des eigenen Leitfadens

Zu berücksichtigende Aspekte	BREEAM	LEED	DGNB
Bietet spezifische Kategorien für Industriebauten und erleichtert die Implementierung im Sektor.	X		X
Einbezug von Festlegungen zu Baustoffen, Materialien, Produkten sowie z. B. zum Abfallmanagement in die Ausschreibung (bspw. im LV).	X	X	X
Berücksichtigung des Lebenszyklus und der damit verbundenen Lebenszykluskosten zur Vergleich von Materialien und Baustoffen hinsichtlich ihrer Nachhaltigkeit, um damit festzulegen, welche Anwendungen und Praktiken über ihren Lebenszyklus nachhaltiger sind.	X		X
Direkter Bezug und konkrete Maßnahmen innerhalb der LPH 6–8, die unmittelbar in den Leitfaden implementiert werden können.			X

Obwohl das DGNB-System demnach die besten Voraussetzungen für die Integration von Nachhaltigkeitskriterien in den Leitfaden bietet, können dennoch auch Elemente aus BREEAM und LEED, wie Materialien, Baustoffe sowie Grundlagen zum Abfall- und Recyclingmanagement, übernommen und bspw. in die LVs integriert werden, um eine umfassende Umsetzung und Ausführung der Nachhaltigkeitsprinzipien zu gewährleisten.

3.3 Wissenschaftliche Arbeiten

In diesem Kap. werden wissenschaftliche Arbeiten als ein Bestandteil zur Untersuchung des Forschungsstands herangezogen. Dabei wird zunächst die Zielstellung jeder Arbeit untersucht, gefolgt von einer Analyse der Vorgehensweise. Abschließend erfolgt eine Erläuterung, inwiefern die Inhalte der jeweiligen Arbeit für die eigene wissenschaftliche Untersuchung übernommen und genutzt werden können.

Meckermann, F., Dissertation (2019) [11]

Zielstellung

Das Forschungsvorhaben mit dem Titel „Nachhaltiges Bauen – Anforderungen und Handlungsempfehlungen für die Anwendung der Leistungsbilder der HOAI" strebt das Ziel an, Planungsbüros zukunftsgerichtete Handlungsempfehlungen bereitzustellen und dabei ein bestehendes Informationsdefizit zu schließen, das bspw. durch die rasante Entwicklung im Bereich des nachhaltigen Bauens sowie durch fehlende Erfahrungswerte in Unternehmen entstanden ist.

Der Fokus dieser Dissertation liegt auf der Identifizierung von Trends hinsichtlich des Nachhaltigen Bauens und der Entwicklung von Handlungsempfehlungen für Planungsbüros, die speziell im Bau- und Immobilienbereich tätig sind. Ziel ist es, aufzuzeigen, welche Rahmenbedingungen notwendig sind, damit das „Nachhaltige Bauen" erfolgreich in der Branche etabliert werden kann. Hierbei spielt auch die HOAI, insbesondere durch die Integration von Aspekten des nachhaltigen Bauens in die dort festgelegten Leistungsbilder, eine zentrale Rolle.

Vorgehensweise

Innerhalb des Forschungsprojekts wird zunächst eine Übersicht über die Entstehung und Entwicklung des Nachhaltigkeitsgedankens gegeben sowie die Situation der Bau- und Immobilienwirtschaft im deutschsprachigen Raum analysiert. Nach der Erarbeitung der theoretischen und methodischen Grundlagen sowie der Entwicklung eines Forschungsansatzes zur Bewertung des Erfolgspotenzials von „Nachhaltigem Bauen" mittels Erfolgsfaktoren, folgt eine Marktanalyse durch Sekundärforschung. Darauf aufbauend wird eine Marktbefragung im deutschsprachigen Raum zum Thema „Nachhaltiges Bauen" geplant, durchgeführt und ausgewertet (Primärforschung). Die Ergebnisse dieser Befragung dienen als Grundlage für die Identifizierung von Trends und Potenzialen im Bau- und Immobiliensektor sowie zur Bestimmung der Anforderungen für die Weiterentwicklung eines Marktes für „Nachhaltiges Bauen", insbesondere für Planungsbüros.

Abschließend erfolgt eine Zusammenfassung, die einen Ausblick auf die zukünftige Entwicklung des „Nachhaltigen Bauens" im Bau- und Immobiliensektor beinhaltet. Dies schließt die Erarbeitung von Handlungsempfehlungen ein, die konkret anhand der HOAI ausgearbeitet werden.

Anwendungspotenzial für die eigene wissenschaftliche Arbeit

Durch eine eingehende Analyse des Nachhaltigkeitsbegriffs und dessen Relevanz in der Bau- und Immobilienwirtschaft betont die Dissertation die Bedeutung und Aktualität des Themas „Nachhaltiges Bauen". Dabei werden umfassende Nachhaltigkeitsfaktoren in die verschiedenen Leistungsbilder der HOAI integriert. Für die eigene wissenschaftliche Arbeit geht aus deren Abgrenzung einzig die Betrachtung der Grundleistungen im Leistungsbild „Objektplanung Architektur" innerhalb der LPH 6 bis 8 hervor. Daher werden in der Dissertation ausschließlich diese spezifischen Kriterien untersucht, um sie gezielt in den eigenen Leitfaden zu integrieren. Darüber hinaus entwickelt das Forschungsprojekt seine Kriterien aus der Perspektive des Planers. Da auch in der eigenen Arbeit ausschließlich die Planersicht berücksichtigt wird, ist dieser Ansatz gut geeignet und fügt sich stimmig in die Gesamtbetrachtung ein. Des Weiteren konzentriert sich die Forschungsarbeit auf Nicht-Wohngebäude, insbesondere auf Bürogebäude als spezifischen Teilmarkt. Obwohl Industriebauten ebenfalls als Nicht-Wohngebäude kategorisiert werden, unterscheiden sie sich dennoch in wesentlichen Aspekten von Bürogebäuden. Trotz dieser Unterschiede können die Kriterien der Grundleistungen innerhalb der LPH 6 bis 8 übernommen werden, da beide Gebäudetypen unter das Leistungsbild „Objektplanung Architektur“ fallen und somit dieselben Grundleistungen abgedeckt werden. Dabei listet Meckermann für jede der Grundleistungen, bei der eine Nachhaltigkeitsimplikation möglich ist, Maßnahmen zur Betrachtung der Nachhaltigkeit auf. In LPH 6 wird z. B. innerhalb der Erstellung der LVs auf die Ergänzung zusätzlicher Angaben wie die Baustelleneinrichtung, Qualitätssicherung sowie Festlegungen zur Dokumentation und Wartung hingewiesen. Innerhalb der LPH 7 betont er insbesondere eine vollständige und fachgerechte Prüfung der Angebote, während in der nachfolgenden Objektüberwachung bspw. innerhalb der Zusammenstellung der Dokumentation die Auflistung aller relevanten Unterlagen für die eigene Arbeit übernommen werden kann.

Wall, J., Dissertation (2018) [12]

Zielstellung

Die vorliegende Arbeit zielt darauf ab, Ansätze zu identifizieren, die eine optimierte Umsetzung lebenszyklusorientierten Bauens fördern. Im Fokus stehen dabei insbesondere die Planungs- und Projektsteuerungsprozesse sowie deren konkrete Umsetzung in den Phasen der Ausschreibung und Vergabe. Basierend auf dieser Analyse ergeben sich folgende zentrale Fragestellungen und Ziele der Arbeit:

- Verständnis der Dimensionen des nachhaltigen Bauens: Es soll eine generelle Übersicht über die aktuellen praktischen Ansätze zur Nachhaltigkeit im Bauwesen geschaffen werden.
- Analyse der Wechselwirkungen zwischen Bauwerks- und Prozessqualitäten: Es wird untersucht, ob und inwieweit es Wechselwirkungen zwischen den nachhaltigen Qualitäten eines Bauwerks und den zugrunde liegenden Planungs- und Projektsteuerungsprozessen gibt.
- Einfluss des Beschaffungswesen: Ziel ist es zu klären, wie das derzeitige Beschaffungswesen die lebenszyklusorientierten Qualitäten von Bauprojekten beeinflusst und relevante Einflussfaktoren zu analysieren.
- Einwicklung einer Kriterienkonzeption: Die Arbeit strebt zudem an, Kriterien für die Berücksichtigung nachhaltiger Aspekte in Ausschreibung und Vergabe zu formulieren, die auch als Grundlage für weiterführende Forschungsarbeiten dienen können.

Vorgehensweise

Die Arbeit gliedert sich in drei Hauptabschnitte. Im ersten Segment wird das Thema des lebenszyklusorientierten Bauens eingeführt. Hier werden die grundlegenden Konzepte der Nachhaltigkeit, relevante Strategien, Richtlinien und normative Regelungen erläutert. Zudem werden die aktuellen Entwicklungen und Herausforderungen im Bauwesen sowie gängige Planungsprozesse und Vertragsmodelle beschrieben.

Der zweite Abschnitt widmet sich der empirischen Untersuchung, bei der die aktuelle Praxis des nachhaltigen Bauens durch eine Expertenbefragung und Experteninterviews analysiert wird. Hier liegt der Fokus auf der Erfassung und Auswertung von Daten zur Umsetzung von Nachhaltigkeitsaspekten im Bauwesen.

Im letzten Teil werden die gewonnenen Ergebnisse präsentiert und mit bestehenden Studien verglichen. Auf Basis dieser Erkenntnisse werden Empfehlungen entwickelt, wie Nachhaltigkeitskriterien besser in Planungs- und Ausschreibungsprozesse integriert werden können.

Anwendungspotenzial für die eigene wissenschaftliche Arbeit

Die Untersuchung zeigt nicht nur Defizite in der Planung im Hinblick auf Nachhaltigkeit auf, sondern verdeutlicht auch bestehende Forschungslücken in den Bereichen Ausschreibung und Vergabe. In der Phase der Ausschreibung wird etwa auf verschiedene Formen von Leistungsbeschreibungen und deren Einfluss auf Nachhaltigkeitsaspekte eingegangen. Insbesondere die Vorgabe standardisierter Anforderungen auf der Ebene von Baustoffen und Bauteilen kann in dieser Phase entscheidende Vorteile für die Berücksichtigung von Nachhaltigkeitskriterien bringen.

Darüber hinaus wird die Bedeutung von nachhaltigkeitsorientierten Eignungs- und Zuschlagskriterien innerhalb der Vergabephase betont. Es wird z. B. verdeutlicht, dass die ausschließliche Fokussierung auf den Angebotspreis nur in geringem Maße zur Umsetzung von Nachhaltigkeitskriterien in dieser Phase beiträgt.

Obwohl die Nachhaltigkeitskriterien nicht explizit den einzelnen LPH zugeordnet sind, können die aufgegriffenen Thematiken innerhalb der Ausschreibung und Vergabe den LPH 6 und 7 zugewiesen werden. Die Kriterien können somit gezielt innerhalb des im Rahmen der Zielsetzung formulierten Leitfadens Anwendung finden. Wall geht dabei z. B. auf Maßnahmen ein, die im LV ergänzt werden können, wie die explizite Angabe von Nachhaltigkeitsaspekten auf Baustoff- oder Bauteilebene. Zur Auswahl der Unternehmen sollen auch nachhaltigkeitsausgerichtete Zuschlags- und Eignungskriterien sowie Ausschlusskriterien unterstützen. Als Kriterien für den Zuschlag sind dabei z. B. Wartungs- und Instandhaltungskonzepte, die Einbeziehung von Lebenszykluskosten, der Einsatz von recycelten Materialien sowie die Berücksichtigung des Rückbaus bedeutend. Als Eignungskriterien können hingegen bspw. die fachliche Qualifikation des Schlüsselpersonals, Referenzleistungen in vorangegangenen Projekten oder vorzuweisende Qualitätssicherungssysteme des Unternehmens für die eigene Arbeit herangezogen werden.

Es ist allerdings anzumerken, dass die Bauausführung und damit die LPH 8 in dieser Analyse nicht berücksichtigt wird. Weiterhin beziehen sich die diskutierten Nachhaltigkeitskriterien zwar nicht spezifisch auf den Industriebau, jedoch können viele dieser Kriterien allgemein angewendet werden und sind nicht auf einen bestimmten Gebäudesektor beschränkt.

3.4 Gegenwärtige Leitfäden

Zur Integration von Nachhaltigkeitskriterien innerhalb der LPH 6 bis 8 gilt es im Bereich der Forschung auch verschiedenste gegenwärtige Leitfäden zu betrachten. Die Untersuchung dieser Leitfäden folgt einem ähnlichen Vorgehen wie die Analyse der zuvor betrachteten wissenschaftlichen Arbeiten. Zunächst werden die Hintergründe und Ziele des jeweiligen Leitfadens erläutert. Im Anschluss erfolgt die Beschreibung des Aufbaus und der Vorgehensweise. Zuletzt wird zusammengefasst, inwiefern die Inhalte des jeweiligen Leitfadens für den Leitfaden der eigenen Arbeit übernommen werden können.

Bundesministerium des Innern, für Bau und Heimat (BMI), Leitfaden Nachhaltiges Bauen (2019) [13]

Hintergrund/Zielstellun
Der Leitfaden Nachhaltiges Bauen unterstreicht die zentrale Bedeutung der Nachhaltigkeit als Leitprinzip für die Zukunft, insbesondere im Bauwesen und soll als Vorbildrolle der öffentlichen Hand fungieren. Aufgrund der enormen Ressourcenanforderungen und Umweltwirkungen des Gebäudesektors wird die Integration ökologischer, ökonomischer und sozialer Kriterien über den gesamten Lebenszyklus eines Gebäudes als unerlässlich erachtet. Der Leitfaden zielt darauf ab, die Prinzipien der nachhaltigen Entwicklung in alle Planungs- und Entscheidungsprozesse zu integrieren, unterstützt durch spezifische Anforderungen und Hilfsmittel für verschiedene Lebenszyklusphasen.

Für alle Hochbauprojekte des Bundes, die unter die Zuständigkeit des BMI fallen, ist dieser verbindlich anzuwenden. Dennoch richtet er sich übergreifend an alle Akteure im Bauwesen und dient dazu, den Einfluss auf die Nachhaltigkeit von Bauwerken positiv zu gestalten und zu bewerten.

Aufbau/Vorgehensweise
Unterteilt wird der Leitfaden des BMI in vier Hauptbereiche, welche verschiedene Aspekte des Nachhaltigen Bauens abdecken sollen:

- Teil A – Grundsätze zum nachhaltigen Bauen
- Teil B – Nachhaltige Baumaßnahmen
- Teil C- Empfehlungen für nachhaltiges Nutzen und Betreiben von Gebäuden
- Teil D – Bauen im Bestand

Teil A legt die allgemeinen Grundsätze und Methoden für nachhaltiges Planen, Bauen, Nutzen und Betreiben fest. Diese Ansätze sind sowohl für öffentliche als auch private Bauvorhaben anwendbar. Es werden die Prinzipien der nachhaltigen Entwicklung, die auf den Bau- und Immobiliensektor übertragen wurden, sowie die Methoden zur Nachhaltigkeitsbewertung mit dem Bewertungssystem Nachhaltiges Bauen (BNB) und die grundlegenden Qualitäten des nachhaltigen Bauens erläutert.

Hingegen fokussiert sich Teil B auf die spezifischen Grundsätze und Planungsgrundlagen für nachhaltige Neubauprojekte. Diese werden entlang der chronologischen Abfolge einer nachhaltigen Planung vorgestellt und sind auch auf Sanierungsmaßnahmen im Bestand anwendbar.

Teil C behandelt die betrieblichen Aspekte, insbesondere die Aufgaben der Liegenschaftsverwaltungen, und gibt Empfehlungen zur Optimierung der Prozesse für Nutzung und Bewirtschaftung. Ziel ist es, die Nachhaltigkeit einer Baumaßnahme über den gesamten Lebenszyklus hinweg sicherzustellen.

Zuletzt widmet sich Teil D den Besonderheiten des Bauens im Bestand und geht detailliert auf die spezifischen Herausforderungen bei der Sanierung und dem Umbau bestehender Gebäude ein.

Anwendungspotenzial für die eigene wissenschaftliche Arbeit

Im Rahmen der theoretischen Grundlagen dieser Arbeit wurde bereits umfangreich auf Teil A des Leitfadens zurückgegriffen, der eine fundierte Erklärung der Dimensionen und Prinzipien der Nachhaltigkeit liefert. Diese Inhalte sind von zentraler Bedeutung für die vorliegende Untersuchung und wurden bisher erfolgreich in die Arbeit integriert. Sie spielen auch weiterhin eine wichtige Rolle bei der Erstellung des eigenen Leitfadens für die LPH 6 bis 8.

Des Weiteren orientiert sich Teil A des Leitfadens nicht nur an den Nachhaltigkeitsdimensionen, sondern auch an verschiedenen Qualitäten wie der technischen, funktionalen und Prozessqualität. Ebenso wird die Bedeutung von Standortmerkmalen hervorgehoben. Diese umfassende Bewertung gilt es weiterhin zu berücksichtigen.

Teil A thematisiert zudem die Lebenszykluskosten bei konventioneller Planung im Vergleich zu lebenszyklusorientierter Planung sowie die Beeinflussbarkeit dieser Kosten im Projektverlauf. Auf diese Thematik konnte ebenfalls bereits in den theoretischen Grundlagen der Arbeit eingegangen werden.

Im Hinblick auf Teil B des Leitfadens, der die Integration von Nachhaltigkeitsaspekten in die verschiedenen Phasen des Projektablaufs beschreibt, ist insbesondere die Implikation des vierten Kap. von großer Bedeutung. Dieses Kap. behandelt unter anderem die Ausschreibung, Vergabe und Bauausführung, was für die Entwicklung des eigenen Leitfadens innerhalb dieser Arbeit von zentraler Relevanz ist. Es ist jedoch zu beachten, dass die Phasen in Teil B nicht explizit den LPH der HOAI zugeordnet sind, weshalb diese Zuordnung noch vorgenommen werden muss. Teil C, der sich mit dem nachhaltigen Nutzen und Betreiben von Gebäuden befasst, fällt nicht in den Untersuchungsbereich der LPH 6 bis 8 und ist daher für die vorliegende Arbeit nicht relevant. Ebenso ist Teil D, der das Bauen im Bestand behandelt, nicht von Bedeutung, da sich diese wissenschaftliche Arbeit ausschließlich auf den Neubau konzentriert.

Abschließend ist festzuhalten, dass der Leitfaden vom BMI herausgegeben wurde und daher primär für Bauprojekte innerhalb des Zuständigkeitsbereichs des BMI verbindlich ist. Dies bedeutet, dass Industriebaumaßnahmen, die nicht unter die Zuständigkeit dieses Ministeriums fallen, grundsätzlich nicht von dieser Verbindlichkeit betroffen sind.

Dennoch orientieren sich die im Leitfaden beschriebenen Faktoren an den allgemein gültigen Planungsphasen, sodass sie auf Industriebauten übertragen bzw. entsprechend darauf angepasst werden können.

Arbeitergemeinschaft Industriebau e. V. (AGI), Nachhaltigkeit im Industriebau (2010) [14]

Hintergrund/Zielstellung

Die AGI ist ein Verband, der die Bau- und Liegenschaftsabteilungen deutscher Unternehmen aus verschiedenen Wirtschaftszweigen vereint. Ihre Mitglieder umfassen Akteure aus dem Industrie- und Gewerbebau, darunter Produkthersteller, Planungsbüros und Hochschulen. Gegründet im Jahr 1958, verfolgt die AGI das Ziel, eine unabhängige Plattform für den interdisziplinären Austausch von Erfahrungen zu bieten und einen übergreifenden Wissenspool zwischen den Unternehmen zu schaffen.

Vor dem Hintergrund der zunehmenden Bedeutung der Nachhaltigkeit im Bauwesen, insbesondere im Industriebereich, stellte sich die Frage, welche Kriterien die AGI zur Bewertung der Nachhaltigkeit empfehlen sollte. In diesem Zusammenhang entstand die Idee, einen Leitfaden zu entwickeln, der Aspekte und Potenziale der Nachhaltigkeitsbewertung im Industriebau aufzeigt und eine Methode zur Messbarkeit und Vergleichbarkeit der Nachhaltigkeit bereitstellt.

Aufbau/Vorgehensweise

Der vorliegende Leitfaden untergliedert sich in die folgenden drei Hauptkap.:

- Aspekte und Kriterien
- Wertung und graphische Darstellung
- Praxisbeispiel

Im ersten Kap. werden die Aspekte und Kriterien zur Definition von Nachhaltigkeit aufgezeigt, die für alle Mitgliedsunternehmen, unabhängig von ihrer Branche oder Größe innerhalb des Industriesektors, anwendbar sein sollen. Diese Kriterien sind in vier zentrale Kategorien unterteilt – Ökologie, Ökonomie, Soziales sowie Bau- und Betriebsprozesse. Innerhalb der Kategorien werden verschiedene Optimierungsmöglichkeiten zur Berücksichtigung von Nachhaltigkeitsaspekten dargestellt. Dies umfasst sowohl messbare Kriterien, wie bspw. Energieverbräuche, als auch qualitative Bewertungsfaktoren, wie etwa soziale Aspekte.

Die identifizierten Kriterien werden anschließend in einer Excel-Datei systematisch erfasst und mit allgemeinen Informationen, wie Unternehmensdaten oder Details zum Bauwerk, zu einer umfassenden Datensammlung zusammengeführt. Diese Datensammlung ermöglicht eine Auswertung und Visualisierung der Ergebnisse. Im abschließenden Kap. wird die Anwendung der Excel-Datei anhand eines Praxisbeispiels konkret demonstriert.

Anwendungspotenzial für die eigene wissenschaftliche Arbeit

Die drei Kategorien Ökologie, Ökonomie und Soziales innerhalb des ersten Hauptkap. legen einen Schwerpunkt auf Planungsaspekte und listen Kriterien auf, die bereits in der Planungsphase berücksichtigt werden müssen. Da sich die vorliegende Arbeit jedoch auf die Ausschreibung, Vergabe und Bauausführung konzentriert, die auf die Planung folgen, sind diese Planungsaspekte für die eigene Untersuchung nur von begrenzter Relevanz.

Von besonderer Bedeutung sind hingegen die im Bauprozess relevanten Aspekte, welche im Anschluss detailliert erläutert werden. Hierbei werden Optimierungsmöglichkeiten innerhalb der Ausschreibung, Vergabe und Ausführung identifiziert. Die zugehörigen Aspekte sind zwar nicht explizit den LPH der HOAI zugeordnet, decken sich jedoch inhaltlich mit den entsprechenden Aufgabenbereichen seitens der Planungsphasen und können daher bei der Erstellung des eigenen Leitfadens in die jeweiligen LPH eingruppiert werden.

Die Bewertungssystematik der AGI sowie das zugehörige Praxisbeispiel werden in dieser Arbeit nicht detailliert untersucht, da diese Ansätze nur im Rahmen einer ganzheitlichen Betrachtung sinnvoll sind und daher für die Analyse der einzelnen LPH 6 bis 8 nicht von Relevanz sind.

Zuletzt lässt sich festhalten, dass dieser Leitfaden, im Gegensatz zum zuvor untersuchten Leitfaden des BMI, speziell auf den Industriebereich ausgerichtet ist und nicht allgemein auf Bauwerke. Daher enthält er teilweise auch spezifische, auf diesen Sektor zugeschnittene Kriterien, die in den Leitfaden integriert werden können.

3.5 Auswertung

Die Auswertung des Kenntnisstands der Technik und Forschung zeigt, dass keine wissenschaftlichen Arbeiten oder Leitfäden identifiziert wurden, die sich explizit mit der Implementierung von Nachhaltigkeitskriterien in den LPH 6 bis 8 im Industriebau befassen. Aus diesem Grund wurden gezielt Informationen aus relevanten Quellen herausgefiltert, die für die Erstellung eines eigenen Leitfadens von Bedeutung sind.

In der Dissertation von Meckermann wurden die Nachhaltigkeitskriterien bereits den spezifischen LPH der HOAI zugeordnet. Die Zuordnungen innerhalb des dort definierten Leistungsbilds „Objektplanung Architektur" können direkt übernommen werden. Für die übrigen wissenschaftlichen Arbeiten und Leitfäden erfolgte die Zuordnung der Kriterien anhand der Planungsphasen Ausschreibung, Vergabe und Bauprozess. Hier ist es notwendig, die Kriterien explizit den eingegrenzten LPH 6 bis 8 zuzuordnen.

Es ist ferner zu beachten, dass sich alle untersuchten Forschungs- und Technikgrundlagen, mit Ausnahme des Leitfadens der AGI, nicht spezifisch auf Industriebauten beziehen, sondern allgemein auf Bauwerke oder andere Sektoren wie Bürogebäude. Bei der Übernahme der Kriterien muss daher stets geprüft werden, ob deren Anwendung im Industriebau sinnvoll ist.

Um den Nachhaltigkeitsaspekt umfassend zu integrieren und alle Dimensionen der Nachhaltigkeit – wie in Abb. 2.5 und im DGNB-System dargestellt – angemessen zu berücksichtigen, müssen zudem die einzelnen Kriterien im weiteren Verlauf den entsprechenden Dimensionen zugeordnet werden.

Abschließend ist bei der Erstellung des Leitfadens sicherzustellen, dass relevante Regelungen und Bestimmungen, wie die EU-Taxonomie und das GEG, berücksichtigt und in die Praxis umgesetzt werden.

Literatur

1. Hauptverband der Deutschen Bauindustrie e. V. (2022). *Die EU-Taxonomie – Eine Einführung für Bauunternehmen.* Ausgabe von Oktober 2022.
2. Gebetsroither, M., et al. (2024). *Paradigmenwechsel in Bau und Immobilienwirtschaft – Mit Kreislaufwirtschaft und Digitalisierung die Zukunft gestalten.* Springer Spektrum.
3. Friedrichsen, S. (2024). *Nachhaltiges Planen, Bauen und Wohnen – Kriterien für Neubau und Bauen im Bestand.* 3. aktualisierte und erweiterte Aufl., Springer Vieweg.
4. Leimböck, E. et al. (2024). *Bauwirtschaft – Grundlagen und Methoden.* 4. aktualisierte und erweiterte Aufl., Springer Vieweg.
5. Deutsches Institut für Normung e. V. (2021 Dezember). *DIN EN 15643: Nachhaltigkeit von Bauwerken – Allgemeine Rahmenbedingungen zur Bewertung von Gebäuden und Ingenieurbauwerken.* Beuth Verlag.
6. TÜV SÜD Industrie Service GmbH (2022). *BREEAM DE Neubau 2018 – Technisches Handbuch.* Version 1.1, Juni 2022.
7. U.S. Green Building Council (2024). *LEED v4 for Building Design and Construction Checklist – German.* Version v4. https://www.usgbc.org/resources/leed-v4-building-design-and-construction-checklist-german. Zugegriffen: 27. Juli. 2024.
8. DGNB GmbH (2023). *DGNB System – Kriterienkatalog Gebäude Neubau.* 3. Aufl., Version 2023.
9. Jansen, F. (2018). *DGNB & Co. im Vergleich – Teil 1: Grundlegende Unterschiede.* https://blog.dgnb.de/vergleich-teil-1/. Zugegriffen: 27. Juli 2024.
10. Jensen, K. G. et al. (2018). *Guide to Sustainable Building Certifications.* SBi und GXN, 1. Aufl., August 2018.
11. Meckmann, F. (2019). *Nachhaltiges Bauen – Anforderungen und Handlungsempfehlungen für die Anwendung der Leistungsbilder der HOAI.* Dissertation, Verlag der Technischen Universität Graz.
12. Wall, J. (2018). *Lebenszyklusorientierte Modellierung von Planungs-, Ausschreibungs- und Vergabeprozessen.* Dissertation, Verlag der Technischen Universität Graz.
13. Bundesministerium des Innern, für Bau und Heimat (BMI). (2019). *Leitfaden Nachhaltiges Bauen – Zukunftsfähiges Planen, Bauen und Betreiben von Gebäuden.* 3. aktualisierte Aufl., BMI.
14. Brandin, T. et al. (2010). *Nachhaltigkeit im Industriebau – Leitfaden der AGI.* Arbeitsgemeinschaft Industriebau e. V. (AGI), 1. Aufl., April 2010.

4 Nachhaltigkeitsbetrachtung in den Leistungsphasen 6 bis 8 im Industriebau

Auf Grundlage der in Kap. 3 gewonnenen Erkenntnisse aus den technischen und wissenschaftlichen Untersuchungen sollen nun spezifische Nachhaltigkeitskriterien für den Industriebau in den LPH 6 bis 8 implementiert werden. Zunächst werden die Kriterien für jede der eingegrenzten Phasen systematisch aus den relevanten technischen und forschungsbasierten Grundlagen abgeleitet. Anschließend erfolgt eine Zusammenführung dieser Kriterien zu einem Leitfaden. Dieser Prozess bezieht sich explizit auf die Grundleistungen des Leistungsbilds „Gebäude und Innenräume" innerhalb der Objektplanung gemäß HOAI (Anlage 10) aus Sicht des beauftragten Objektplaners.

4.1 Ableitung von Nachhaltigkeitskriterien aus dem Stand der Technik und Forschung in die Leistungsphasen

Die Integration von Nachhaltigkeitsaspekten in den gesamten Planungs- und Ausführungsprozess eines Industriebaus erfordert eine frühzeitige und systematische Berücksichtigung. Bereits in den vorherigen Planungsphasen müssen planerische Nachhaltigkeitskriterien klar definiert und konsequent in den Planungsprozess integriert werden. Insbesondere mit dem Abschluss der Ausführungsplanung in der LPH 5 sollten die angestrebten Nachhaltigkeitsqualitäten detailliert und umfassend erfasst sein, um eine erfolgreiche Umsetzung in den nachfolgenden LPH zu gewährleisten [1].

In den LPH 6 und 7 müssen die Vorgaben der vorangegangenen Ausführungsplanung demnach eine konkrete Umsetzung erfahren, was unter anderem auch eine präzise Implementierung der bereits festgelegten Nachhaltigkeitskriterien erfordert. Nur wenn die zuvor definierten Kriterien sowie darauf aufbauende Anforderungen in der Ausschreibung und der anschließenden Vergabe berücksichtigt werden, kann ihre effektive

A. Gerstner, *Implementierung von Nachhaltigkeitskriterien im Industriebau in den Leistungsphasen 6 bis 8*, Entwicklung neuer Ansätze zum nachhaltigen Planen und Bauen, https://doi.org/10.1007/978-3-658-47900-8_4

Umsetzung in der Bauausführung (LPH 8) sichergestellt werden [1]. Je weniger klar die Nachhaltigkeitskriterien in der Vorbereitung auf die Bauausführung definiert sind, desto schwieriger gestaltet sich deren Umsetzung im Bauprozess.

4.1.1 Vorbereitung der Vergabe (Leistungsphase 6)

Die LPH 6 stellt einen entscheidenden ersten Schritt zur Verwirklichung einer nachhaltigen Bauausführung dar. In dieser Phase beginnt die konkrete Umsetzung und Absicherung der festgelegten Nachhaltigkeitskriterien sowie die Entwicklung zusätzlicher Aspekte, die in den anschließenden Phasen weitergeführt werden. Im Folgenden werden die Grundleistungen der LPH 6 aufgelistet und hinsichtlich der Integration von Nachhaltigkeitskriterien analysiert.

a) Aufstellen eines Vergabeterminplans

Die Steuerung einer Baumaßnahme umfasst unter anderem die Erstellung eines Vergabeterminplans.

Bei der Erstellung dieses Terminplans ist besonders zu beachten, dass die Integration von Nachhaltigkeitskriterien – etwa in den LVs oder bei der Definition von Vergabekriterien – einen erhöhten Aufwand mit sich bringt und daher mehr Zeit erfordert als eine herkömmliche Vergabe ohne Berücksichtigung von Nachhaltigkeitsaspekten.

Dieser Mehraufwand ist vor allem darauf zurückzuführen, dass spezifische Nachhaltigkeitsanforderungen und -standards, wie bspw. die Integration von Umweltstandards, nachhaltigen Beschaffungsrichtlinien und, im Fall einer Zertifizierung, die Berücksichtigung entsprechender Zertifizierungsvorgaben, sowie Vorgaben zur Abfallvermeidung und -trennung auf der Baustelle, in der Regel umfangreichere Abstimmungen und zusätzliche Arbeitsschritte erfordern. Diese betreffen z. B. sowohl die Erstellung der LVs als auch die Entwicklung von Bewertungsmatrizen, die auf Nachhaltigkeit ausgerichtet werden müssen. Bis standardisierte und etablierte Ausschreibungstexte sowie Bewertungsinstrumente für nachhaltige Bauvorhaben entwickelt und routinemäßig angewendet werden können, ist ein erhöhter zeitlicher Aufwand in den Vergabeprozess einzukalkulieren.

Darüber hinaus verlängert sich durch die erhöhten Anforderungen auch die Bearbeitungszeit seitens der Bieter, die für die Ausarbeitung eines Angebots mehr Zeit benötigen. Entsprechend ist auch die Prüfungsphase durch den Planer aufwendiger, da die eingereichten Angebote detaillierter hinsichtlich der Erfüllung der Nachhaltigkeitskriterien bewertet werden müssen. Diese Faktoren sollten bei der Erstellung des Vergabeterminplans frühzeitig berücksichtigt werden, um Verzögerungen im Bauablauf zu vermeiden und eine effiziente und nachhaltige Bauausführung sicherzustellen.

b) Aufstellen von Leistungsbeschreibungen mit Leistungsverzeichnissen nach Leistungsbereichen, Ermitteln und Zusammenstellen von Mengen auf der Grundlage der Ausführungsplanung unter Verwendung der Beiträge anderer an der Planung fachlich Beteiligter

Innerhalb der LPH 6 spielt auch die Integration von Nachhaltigkeitskriterien in die LVs eine zentrale Rolle. Hierbei geht es um die verbindliche Umsetzung der bereits in der Ausführungsplanung festgelegten Nachhaltigkeitsziele, wie bspw. die Auswahl umweltfreundlicher Baustoffe und Materialien. Gleichzeitig müssen weitere Nachhaltigkeitsaspekte, die in dieser Phase entwickelt und implementiert werden, Berücksichtigung finden.

Um die Nachhaltigkeitsfaktoren umfassend zu integrieren, sollten entsprechende Vorgaben bereits in den Vorbemerkungen der LVs festgelegt werden. Dies gilt insbesondere, wenn das Bauvorhaben bestimmten regulatorischen Anforderungen, wie etwa der EU-Taxonomie, unterliegt. In solchen Fällen müssen die Anforderungen der EU-Taxonomie explizit verankert werden. Ähnliches gilt für Gebäudezertifizierungen, bei denen die entsprechenden Anforderungen ebenfalls in den Vorbemerkungen aufgeführt und klare Nachhaltigkeitsziele definiert werden sollten.

Bei der Auswahl von Baustoffen und Bauteilen ist es möglich, spezifische Produktempfehlungen in den Positionstexten des LV einzufügen. Hierbei sollte jedoch immer der Grundsatz „oder gleichwertig" Anwendung finden, um alternative, gleichwertige Produkte zuzulassen. Um konkrete Produkte vorab festzulegen, ist eine frühzeitige Abstimmung sowie Bemusterung mit dem Bauherrn unerlässlich, um sicherzustellen, dass die ausgewählten Materialien den vereinbarten Nachhaltigkeitsanforderungen entsprechen.

Technische Aspekte wie die Dauerhaftigkeit der Materialien, ihre Reinigungs- und Instandhaltungsfreundlichkeit sowie die Rückbaufähigkeit müssen ebenfalls in den LVs Berücksichtigung finden. Dies gewährleistet eine langfristige Nachhaltigkeit und Ressourcenschonung im Bauprozess. Zudem ist die Qualitätssicherung von großer Bedeutung. Vorgaben zu Kontrollmessungen, wie Blower-Door-Tests, Raumluft- oder Schallschutzmessungen, sollten klar definiert werden, um die Einhaltung der Qualitäts- und Nachhaltigkeitsstandards während der Bauausführung zu gewährleisten.

Ein weiterer zentraler Aspekt sind die Anforderungen an die Gesundheits- und Umweltverträglichkeit der verwendeten Materialien. Hierbei sollte der Einsatz von Schad- und Risikostoffen vermieden und auf Produkte mit anerkannten Umweltlabels, wie dem Blauen Engel oder dem EU-Ecolabel, geachtet werden.

In diesem Kontext kommt der Bauökologie eine wesentliche Bedeutung zu. So kann im Rahmen der Ausschreibung bspw. ein Material- oder Bauökologe beauftragt werden, eine sogenannte „Positivliste" für Baustoffe zu erstellen. Diese dient dem Zweck, gesundheits- und umweltschädliche Materialien von Bauprojekten grundsätzlich auszuschließen. [2]

In der Liste werden ausschließlich geprüfte, sichere und sowohl ökologisch als auch gesundheitlich unbedenkliche Baustoffe aufgeführt, die im Rahmen der Ausschreibung verwendet und von den Bietern berücksichtigt werden dürfen [2].

Dadurch erhalten Bauunternehmen nicht nur klare Vorgaben und eindeutige Richtlinien für die zulässigen Materialien, sondern es wird auch eine gewisse Transparenz unter den Bietern geschaffen, da alle Beteiligten über die gleichen Informationen bezüglich der zugelassenen Materialien verfügen. Diese Festlegung steht zudem in direktem Zusammenhang mit der Qualitätssicherung, da nur geprüfte und zuverlässige Baustoffe verwendet werden dürfen, wodurch das Risiko von Mängeln und Folgeschäden reduziert wird [3].

Um die Produkte und Baustoffe zu deklarieren und deren Nachhaltigkeit über ihren gesamten Lebenszyklus zu bewerten, sind auch insbesondere die Hersteller gefordert, mehr Transparenz, Vergleichbarkeit und Vollständigkeit in ihren Herstellererklärungen zu gewährleisten. Ferner können verschiedene Baustoffinformationssysteme sowohl Planern als auch ausführenden Unternehmen als wertvolle Ressource dienen, indem sie aufbereitete Informationen zur Anwendung und Herstellung von Produkten und Baustoffen bereitstellen und so auch einen Bezug zum Lebenszyklus sowie zur Gesundheits- und Umweltverträglichkeit dieser Materialien herstellen. [4]

Darüber hinaus sollten in den LVs auch Angaben zur Dokumentation und Wartung festgelegt werden, bspw. in Form von Wartungsverträgen. Dies trägt dazu bei, eine nachhaltige und fachgerechte Instandhaltung der Gebäudekomponenten innerhalb der in den Verträgen vereinbarten Zeiträume sicherzustellen.

Abschließend ist es essenziell, die Mengenermittlungen im Leistungsverzeichnis klar und nachvollziehbar zu dokumentieren. Eine präzise schriftliche Herleitung der Mengen stellt sicher, dass diese auch im Nachgang transparent und überprüfbar sind, was z. B. für die Qualitätssicherung und Kostenkontrolle unerlässlich ist.

c) Abstimmen und Koordinieren der Schnittstellen zu den Leistungsbeschreibungen der an der Planung fachlich Beteiligten

Die Erstellung, Abstimmung und Koordinierung der LVs der beteiligten Fachplaner ist entscheidend für eine konsistente Umsetzung. Alle Vorgaben, einschließlich der Strukturierung der LVs, müssen klar definiert sein. Besonders die frühzeitige Integration der Fachbeiträge, auch im Hinblick auf Nachhaltigkeitsaspekte, ist von großer Bedeutung – speziell an den Schnittstellen zu bspw. Bereichen wie der Bauphysik oder der TGA. Dabei ist auch die einheitliche Regelung der allgemeinen Vertragsbedingungen wichtig, um spätere Uneinigkeiten und Umsetzungsprobleme zu vermeiden.

d) Ermitteln der Kosten auf der Grundlage vom Planer bepreister Leistungsverzeichnisse

In dieser Grundleistung obliegt es dem Objektplaner, die Kosten auf Basis des von ihm bepreisten LVs zu ermitteln. Dies erfordert, dass der Planer die einzelnen Positionen des LVs selbst mit Preisen versieht und eine detaillierte Kalkulation vornimmt. Dabei muss dieser die Perspektive eines Bieters einnehmen und eine Kostenermittlung unter Berücksichtigung marktüblicher Preise durchführen. Besonders wichtig ist, dass hierbei die im LV implementierten Nachhaltigkeitskriterien und damit die in der Ausschreibung festgelegten Bestimmungen konkret berücksichtigt werden, um diese in der nachfolgenden Grundleistung mit der Kostenberechnung aus der LPH 3 vergleichen zu können. Dies trägt nicht nur zur Sicherstellung der ökonomischen Qualität bei, sondern fördert auch die ökologische und die Prozessqualität, indem z. B. eine bessere Umweltverträglichkeit und ein effizienterer Bauprozess unterstützt werden.

e) Kostenkontrolle durch Vergleich der vom Planer bepreisten Leistungsverzeichnisse mit der Kostenberechnung

Nach der Kalkulation der Kosten auf Basis des vom Objektplaner bepreisten LVs erfolgt ein Vergleich dieser Aufstellung mit der in LPH 3 erstellten Kostenberechnung. Durch die Konzeption des LVs im Rahmen der Grundleistung b) und damit unter Einbeziehung spezifischer Nachhaltigkeitskriterien wird eine Ausrichtung auf eine nachhaltige Ausführung angestrebt. Ziel ist es, dass das LV alle notwendigen Aspekte und Prozesse für die spätere Bauausführung enthält, wie z. B. die anzuwendenden Materialien und Baustoffe sowie spezifische Anforderungen wie die Einhaltung der EU-Taxonomie oder Nachhaltigkeitszertifizierungen.

Da die ursprüngliche Kostenberechnung auf der Entwurfsplanung basiert und somit größtenteils nur planerische Aspekte berücksichtigt, können in dieser Phase erhöhte Anforderungen, die im Zuge der Ausschreibung und der Erstellung des LVs festgelegt wurden, noch nicht erfasst sein. Mit der detaillierten Festlegung der Nachhaltigkeitsanforderungen, die nun explizit im LV implementiert wurden, ist zu erwarten, dass die Kosten der bepreisten LVs nun höher ausfallen als die in LPH 3 kalkulierten. [5]

Diese Abweichung lässt sich insbesondere auf die definierten Nachhaltigkeitskriterien zurückführen, die spezifische Materialien, Baustoffe oder Produkte sowie zusätzliche Aufwendungen für die Einhaltung und Kontrolle dieser Anforderungen umfassen [5]. Höhere Materialpreise und ein vermehrter Aufwand zur Umsetzung der Nachhaltigkeitskriterien führen daher möglicherweise zu einem Mehrpreis, der dem AG bereits in dieser Phase vermittelt werden sollte, um spätere Überraschungen bei der Angebotsauswertung zu vermeiden.

Dieser potenzielle Kostenanstieg resultiert damit direkt aus der detaillierten Integration von Nachhaltigkeitskriterien in LPH 6, die eine entsprechend nachhaltige Ausführung sicherstellen soll. Es ist jedoch auch zu berücksichtigen, dass die nun im LV festgelegten Kosten Sicherheit für die Ausführung bieten und Nachträge verhindern können. Auch wirken sich diese Maßnahmen langfristig positiv auf die Betriebskosten und den Rückbau aus, was zu einer Kostensenkung im Vergleich zu einem konventionellen Ansatz ohne Berücksichtigung der Nachhaltigkeit führt [6, 7].

Diese Grundleistung hat daher einen erheblichen Einfluss auf die ökonomische Qualität, wird aber auch maßgeblich durch die ökologische und Prozessqualität geprägt.

f) Zusammenstellen der Vergabeunterlagen für alle Leistungsbereiche

Innerhalb dieser Grundleistung ist es entscheidend, die Vergabeunterlagen sorgfältig zusammenzustellen und dabei eine qualifizierte und umfassende Projektbeschreibung

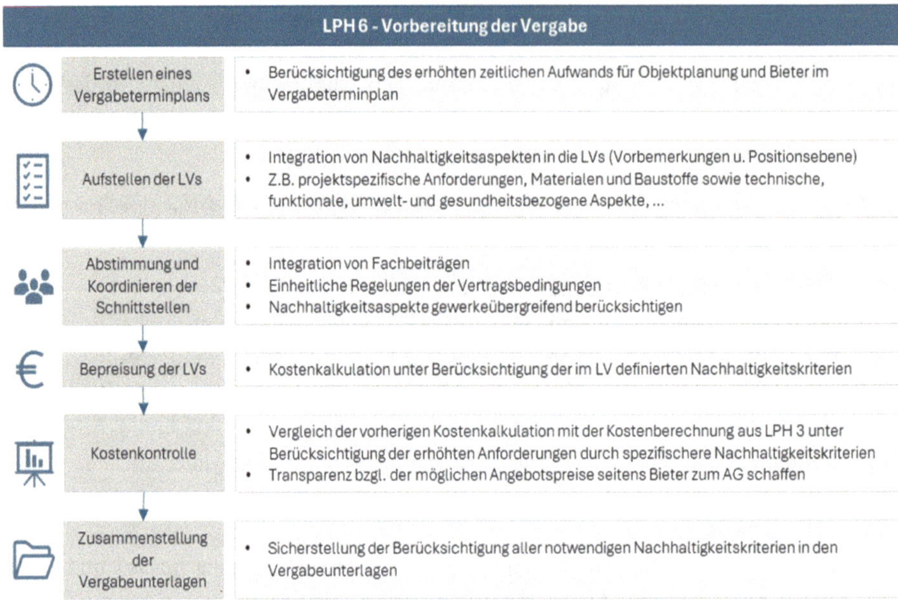

Abb. 4.1 Relevante Nachhaltigkeitskriterien innerhalb der Grundleistungen in LPH 6

sicherzustellen, die sämtliche relevanten Anforderungen abdeckt. Dies umfasst auch die Sicherstellung der Einhaltung festgelegter Qualitäts- und Nachhaltigkeitsstandards. Eine gründliche Prüfung und Abstimmung der Vergabeunterlagen gewährleistet schließlich, dass alle Nachhaltigkeitskriterien einheitlich und systematisch berücksichtigt werden, um deren konsistente Umsetzung im gesamten Vergabe- und anschließenden Bauprozess sicherzustellen.

Zusammenfassend werden die zentralen Nachhaltigkeitskriterien, die in die Grundleistungen der LPH 6 integriert werden sollten, in Abb. 4.1 dargestellt.

4.1.2 Mitwirkung bei der Vergabe (Leistungsphase 7)

Die Mitwirkung bei der Vergabe in der LPH 7 stellt eine weitere entscheidende Phase im Planungs- und Bauprozess dar, da in diesem Abschnitt Angebote eingeholt, geprüft und letztlich die Aufträge zur Bauausführung vergeben werden. In dieser Phase sollte jedoch nicht ausschließlich der jeweilige Angebotspreis als Entscheidungskriterium im Vordergrund stehen, sondern auch die Berücksichtigung von Nachhaltigkeitsaspekten eine wesentliche Rolle spielen.

Durch die Integration klar definierter Wertungskriterien, die neben der ökonomischen Bewertung auch die ökologische und soziale Nachhaltigkeit umfassen, kann ein Anreiz für die Bieter geschaffen werden, sich aktiv mit diesen Themen auseinanderzusetzen.

Dies unterstreicht die Bedeutung der Nachhaltigkeit im Bauvorhaben und trägt dazu bei, dass nachhaltige Lösungen im Vergabeprozess priorisiert werden.

a) Koordinieren der Vergaben der Fachplaner

Obwohl Fachplaner, bspw. für die TGA, die Vergaben ihrer verantworteten Gewerke eigenständig durchführen, ist eine umfassende Abstimmung notwendig, um den Bauablauf sowie die zugehörigen Vergabeprozesse effektiv zu koordinieren. Im Rahmen der Vergabe kann zudem ein erneuter Hinweis auf die Bedeutung der Nachhaltigkeit gegeben werden, damit Nachhaltigkeitsaspekte in der Bewertung der Angebote berücksichtigt und in die Wertungsmatrix aufgenommen werden. Dabei sollte sichergestellt werden, dass alle Beteiligten ein einheitliches Verständnis bezüglich der Anwendung und Integration von Nachhaltigkeitskriterien haben.

b) Einholen von Angeboten

Beim Einholen von Angeboten kann der Planer den AG auf Grundlage seiner Erfahrungen und Expertise bei der Entscheidung, welche Unternehmen zur Angebotsabgabe aufgefordert werden sollten, beraten. Gleichzeitig hat der AG die Möglichkeit, Präferenzen für bestimmte Firmen zu äußern, die dessen Wahrnehmung nach geeignet wären. Diese enge Abstimmung zwischen Planer und AG gewährleistet eine ausgewogene Auswahl an potenziellen Anbietern, die sowohl wirtschaftlichen als auch nachhaltigen Anforderungen gerecht wird.

Bei der Auswahl spielt z. B. auch die Standortqualität eine wesentliche Rolle. So gilt es, falls möglich, Firmen aus der näheren Umgebung des Projektstandorts zu berücksichtigen, um bspw. Transportwege zu minimieren und damit die ökologischen Auswirkungen zu reduzieren. Dies setzt jedoch voraus, dass in der Region entsprechende Firmen vorhanden sind, welche die benötigten Leistungen erbringen können.

c) Prüfen und Werten der Angebote einschließlich Aufstellen eines Preisspiegels nach Einzelpositionen oder Teilleistungen, Prüfen und Werten der Angebote zusätzlicher und geänderter Leistungen der ausführenden Unternehmen und der Angemessenheit der Preise

Bei der Prüfung und Bewertung der eingegangenen Angebote steht zunächst die fachliche und inhaltliche Überprüfung im Vordergrund. Dies umfasst die Prüfung der Vollständigkeit der Angebote sowie die detaillierte Analyse der angebotenen Leistungen und deren Preisspiegel. Dabei spielt die ökonomische Betrachtung eine zentrale Rolle, da der Bauherr in der Regel den günstigsten Angebotspreis anstrebt. Allerdings sollte die Vergabe nicht ausschließlich auf ökonomischen Kriterien basieren, sondern auch ökologische und soziale Aspekte berücksichtigen, um die Gesamtqualität des Projekts zu optimieren.

Die Auswahl der Angebote erfolgt bspw. anhand zuvor definierter Zuschlags- und Eignungskriterien, die in einer Bewertungsmatrix zusammengeführt und je nach Relevanz unterschiedlich gewichtet werden können.

Für eine umfassende Durchführung dieses Prozesses können von der Objektplanung entweder bereits entwickelte Hilfsmittel konkret angewendet oder unternehmensspezifische Hilfen zur gezielten Anwendung intern entwickelt werden.

Im Rahmen eines Forschungsberichts zur Berücksichtigung von Nachhaltigkeitsaspekten bei der Vergabe öffentlicher Bauaufträge, der im Auftrag des Bundesinstituts für Bau-, Stadt- und Raumforschung (BBSR) erstellt wurde, wurden genau solche Hilfsmittel und Abläufe erarbeitet. Dieser Leitfaden zielt darauf ab, eine bestehende Lücke zu schließen, indem nicht nur ökonomische Aspekte bei der Vergabe öffentlicher Bauleistungen berücksichtigt werden, sondern zur Vervollständigung der Nachhaltigkeitsdimensionen auch ökologische und soziale Kriterien eine Rolle spielen. [8]

Die Umsetzung der entsprechenden Arbeitshilfen erfolgt in drei Phasen: Phase eins umfasst die Vorbereitung der Ausschreibung, bei der relevante Randbedingungen definiert werden, wie das Vergabeverfahren, die betreffenden Kostengruppen und die Gewichtung der Angebotssumme. Aus diesen Festlegungen wird eine Empfehlung für die im Vergabeverfahren anzuwendenden Nachhaltigkeitskriterien generiert, die bei Bedarf angepasst werden kann. Anschließend wird ein gewichteter Paarvergleich zur Priorisierung der Kriterien durchgeführt, und die ermittelten Gewichtungen sowie relevanten Kriterien werden zusammengestellt, um den Bietern bei der Erstellung ihrer Angebote als Grundlage zu dienen. [8]

In Phase zwei nutzen die Bieter die bereitgestellte Arbeitshilfe zur Erstellung ihrer Angebote, indem sie alle erforderlichen Felder ausfüllen und die notwendigen Informationen, wie bspw. Konzepte, einreichen. Nachhaltigkeitskriterien, die unvollständig ausgefüllt sind, werden mit null Punkten bewertet. Die ausgefüllte Arbeitshilfe wird abschließend als Anlage dem Angebot beigefügt. [8]

Phase drei beinhaltet die Bewertung der eingegangenen Angebote durch den Ausschreibenden. Dabei werden der Angebotspreis und die Ergebnisse der Nachhaltigkeitskriterien aus den Formularbögen in das Bieterverzeichnis übertragen. Die Bewertung erfolgt je nach Kriterium durch Eingabe von Zahlen, Teilbewertungspunkten oder Rangplatzvergabe. Nach Übertragung aller Ergebnisse wird eine Gesamtbewertung generiert, wobei das Angebot mit der höchsten Punktzahl den Zuschlag erhält. [8]

Um die Bieter frühzeitig auf die Bedeutung der Nachhaltigkeitskriterien und deren konkrete Umsetzung hinzuweisen, ist eine solche Strukturierung sinnvoll. Sie kann entweder übernommen oder ein eigenes System entwickelt werden. Wichtig ist, dass das System projektspezifisch anwendbar ist, eine transparente Kommunikation zwischen den Ausschreibenden und den Bietern gewährleistet und die ökonomischen Aspekte weiterhin berücksichtigt, wobei die Nachhaltigkeitskriterien ergänzend hinzugefügt werden.

Für eine ganzheitliche Betrachtung des Nachhaltigen Bauens müssen damit in den Bewertungsinstrumenten auch nachhaltigkeitsorientierte Zuschlags- und Eignungskriterien integriert werden. Aktuell werden oft pauschale Zuschlagskriterien wie die Verlängerung der Gewährleistungsfrist genutzt. Es erscheint jedoch erstrebenswert, eine vertiefte Analyse relevanter Leistungsbeschreibungen vorzunehmen und dabei Aspekte wie Lebenszykluskosten, Ressourcenverbrauch und Wiederverwertbarkeit systematisch zu berücksichtigen. [9]

Derartige Kriterien können im Rahmen der im Forschungsbericht beschriebenen Methodiken gewichtet und entsprechend projektspezifisch sowie durch Paarvergleichsverfahren bewertet werden.

Neben klassischen Eignungskriterien wie der fachlichen Qualifikation des Schlüsselpersonals, Maßnahmen zur Qualitätssicherung oder Referenzen aus ähnlichen Projekten, können auch nachhaltigkeitsbezogene Eignungskriterien berücksichtigt werden. Diese können Aspekte des betrieblichen Umweltschutzes, die Regionalität der Anbieter oder soziale Kriterien umfassen, wie die Förderung guter Arbeitsbedingungen, Gleichberechtigung, gerechte Entlohnung und angemessene Pausenregelungen für die Mitarbeiter.

Bei der Festlegung dieser Kriterien ist jedoch eine strikte Trennung zwischen Zuschlags- und Eignungskriterien erforderlich. Es dürfen keine vorrangig leistungs- oder produktbezogenen Eignungskriterien und umgekehrt keine unternehmensspezifischen Zuschlagskriterien definiert werden. Diese Kriterien sind sorgfältig zu formulieren, um einen fairen Wettbewerb sicherzustellen, und sie dürfen nicht doppelt bewertet werden. [9]

Durch die Einbeziehung umfassender Bewertungsinstrumente, passender Kriterien und einer entsprechenden Gewichtung dieser kann die Vergabe nicht nur nach wirtschaftlichen Gesichtspunkten, sondern auch unter Berücksichtigung ökologischer und sozialer Nachhaltigkeitsziele gestaltet werden.

d) Führen von Bietergesprächen

Das Führen von Bietergesprächen stellt einen wesentlichen Schritt im Vergabeprozess dar, um offene Fragen zu klären und die Anforderungen des Projekts zu verdeutlichen. In diesem Zusammenhang sollte die Bedeutung der Nachhaltigkeit nochmals gezielt thematisiert werden. Es gilt, die Relevanz nachhaltiger Bauweisen sowohl im Hinblick auf z. B. die Reduzierung der Umweltauswirkungen als auch im Hinblick auf die Verbesserung der Qualität, Langlebigkeit und Rückbaufähigkeit des Bauwerks hervorzuheben.

Darüber hinaus bieten Bietergespräche die Gelegenheit, detaillierte Fragen zu den vorgeschlagenen Materialien und Bauprodukten zu erörtern. Hierbei können sowohl die ökologischen Vorteile als auch die technischen Spezifikationen der verwendeten Materialien diskutiert und eventuelle Unsicherheiten geklärt werden.

e) Erstellen der Vergabevorschläge, Dokumentation des Vergabeverfahrens

Das Erstellen der Vergabevorschläge sowie die Dokumentation des Vergabeverfahrens basieren auf den in der Bewertungsmatrix definierten Kriterien, einschließlich der Berücksichtigung von Nachhaltigkeitsaspekten, sowie den während der Bietergespräche gewonnenen Eindrücken. In diesem Schritt werden die Schlüsse aus den bewerteten Angeboten gezogen und auf dieser Grundlage fundierte Vergabevorschläge erstellt. Die Dokumentation des Vergabeverfahrens erfolgt detailliert, etwa durch die Erstellung von Protokollen zur Angebotsprüfung und zur Durchführung der Bietergespräche. Diese Unterlagen dienen der Nachvollziehbarkeit und Transparenz des Entscheidungsprozesses. Ausgehend davon können allerdings keine weiteren Nachhaltigkeitskriterien nachträglich eingeführt werden, da die Vorschläge auf den zuvor festgelegten und bewerteten Kriterien beruhen.

f) Zusammenstellen der Vertragsunterlagen für alle Leistungsbereiche

Im Rahmen dieser Grundleistung erfolgt die abschließende Zusammenstellung der Vertragsunterlagen, wobei keine Implementierung von Nachhaltigkeitskriterien möglich ist.

g) Vergleichen der Ausschreibungsergebnisse mit den vom Planer bepreisten Leistungsverzeichnissen oder der Kostenberechnung

Auch innerhalb dieser Leistung können keine zusätzlichen Nachhaltigkeitsaspekte hinzugefügt werden.

h) Mitwirken bei der Auftragserteilung

Vor der finalen Auftragserteilung kann der Planer erneut auf seine Vergabevorschläge hinweisen und dabei neben den Angebotspreisen besonders die Relevanz der Nachhaltigkeitsaspekte betonen. Die endgültige Entscheidung über die Auftragsvergabe obliegt jedoch dem AG.

Abschließend fasst Abb. 4.2 die relevanten Nachhaltigkeitskriterien zusammen, die in die Grundleistungen der LPH 7 integriert werden sollten.

Abb. 4.2 Relevante Nachhaltigkeitskriterien innerhalb der Grundleistungen in LPH 7

4.1.3 Objektüberwachung (Leistungsphase 8)

In der LPH 8 erfolgt nun die Umsetzung der in den vorangegangenen Planungs- und Vergabephasen definierten Grundsätze. Im Sinne der Nachhaltigkeit ist diese Phase von entscheidender Bedeutung, da nun die zuvor definierten Nachhaltigkeitskriterien zur Ausführung kommen sollen.

Demnach wird eine sach- und fachgerechte Durchführung aller auszuführenden Arbeiten gefordert, die es seitens der Objektüberwachung zu kontrollieren und koordinieren gilt, bis das Bauwerk abschließend an den AG übergeben werden kann.

a) Überwachen der Ausführung des Objektes auf Übereinstimmung mit der öffentlich-rechtlichen Genehmigung oder Zustimmung, den Verträgen mit ausführenden Unternehmen, den Ausführungsunterlagen, den einschlägigen Vorschriften sowie mit den allgemein anerkannten Regeln der Technik

Diese Grundleistung stellt einen zentralen Bestandteil der Objektüberwachung dar und zielt darauf ab, die planmäßige und mängelfreie Errichtung des Bauwerks sicherzustellen. Ein wesentlicher Fokus im Kontext der Nachhaltigkeitsimplementierung liegt dabei auf der kontinuierlichen Überprüfung der Einhaltung der in den Plänen, LVs, Verträgen sowie ergänzenden Unterlagen festgelegten Nachhaltigkeitskriterien.

Von besonderer Bedeutung ist die Einweisung und Sensibilisierung der ausführenden Unternehmen für die Einhaltung der definierten Nachhaltigkeitsanforderungen. Während des gesamten Bauprozesses ist die ordnungsgemäße Verwendung der vorgesehenen Materialien, Baustoffe und Hilfsstoffe sowie die korrekte Ausführung der Arbeiten zu überwachen und zu dokumentieren. Die entsprechenden Nachweise, etwa in Form von Zertifikaten oder Zulassungsdokumenten, dienen zur Bestätigung der Konformität mit den vorgegebenen Anforderungen.

Darüber hinaus ist im Rahmen dieser Grundleistung der Schutz der am Bau Beteiligten, der Umwelt und der umliegenden Nachbarschaft sicherzustellen. Hierzu sind spezifische Maßnahmen zu implementieren, darunter:

- Lärmvermeidung und Lärmschutz (Einsatz lärmarmer Baumaschinen, Schutzmaßnahmen wie Gehörschutz)
- Staubvermeidung und Staubschutz (Anwendung von Feucht-, Nass- oder Saugverfahren, Schutzmaßnahmen wie Schutzbrillen)
- Boden- und Grundwasserschutz (Verhinderung von chemischen Abflüssen und Kontaminationen in Boden und Grundwasser)
- Abfallvermeidung bzw. sachgerechte Trennung und Entsorgung
- Einsatz energieeffizienter und emissionsarmer Baumaschinen und Transportmittel

Zur Sicherstellung der Bauqualität ist zudem die Koordination spezifischer Messungen erforderlich, einschließlich Thermografie- und Luftdichtheitsprüfungen (auch Blower-

Door-Test) oder Schallschutz- und Raumluftmessungen. Die Messungen sowie die jeweiligen Zuständigkeiten sind den Vorgaben der LVs zu entnehmen, und es ist sicherzustellen, dass die vorgegebenen Grenzwerte zuverlässig eingehalten werden.

b) Überwachen der Ausführung von Tragwerken mit sehr geringen und geringen Planungsanforderungen auf Übereinstimmung mit dem Standsicherheitsnachweis

Innerhalb dieser Leistung können keine Nachhaltigkeitskriterien implementiert werden.

c) Koordinieren der an der Objektüberwachung fachlich Beteiligten

Die Gewährleistung eines reibungslosen Baufortschritts und die Einhaltung aller festgelegten Vorgaben, einschließlich der zu beachtenden Nachhaltigkeitskriterien, erfordert eine enge Abstimmung aller betreffenden Akteure. Dafür müssen regelmäßige Besprechungen wie Jour-Fixe oder Baubesprechungen eingeplant werden, um sich sowohl mit den Fachplanern als auch den ausführenden Firmen abstimmen und deren Tätigkeiten koordinieren zu können.

Im Rahmen der Koordinierungsleistung müssen unter anderem nachfolgende Punkte berücksichtigt werden:

- Führung des Bautagebuchs (detaillierte Erläuterung in Grundleistung e))
- Aktive Zusammenarbeit mit alle Akteuren (Darunter fällt z. B. auch der Sicherheits- und Gesundheitsschutzkoordinator (SiGeKo).)
- Koordination von Beeinträchtigungen im Bauablauf (Besondere einzukalkulierende Arbeiten wie Messungen, Prüfungen oder Trocknungszeiten müssen frühzeitig mit den am Bau Beteiligten abgestimmt werden, um Beeinträchtigungen der Arbeitsprozesse zu minimieren.)

d) Aufstellen, Fortschreiben und Überwachen eines Terminplans (Balkendiagramm)

Nachhaltigkeitskriterien müssen gezielt und systematisch in den Ausführungsterminplan integriert werden. Im Rahmen der Qualitätssicherung ist es dabei essenziell, spezifische Prüfungen und Messungen, wie bspw. Thermografie- oder Luftdichtheitsprüfungen, frühzeitig in den Terminplan aufzunehmen, um eine rechtzeitige Information und die anschließende ordnungsgemäße Umsetzung sicherzustellen.

Darüber hinaus sollten gewisse Arbeitsvorgänge hervorgehoben werden, die den Einsatz nachhaltiger Baustoffe und Materialien erfordern. Ein Beispiel hierfür ist die Fassade, bei der darauf geachtet werden muss, dass die richtige Konstruktion, einschließlich der Unterkonstruktion und Dämmung, fachgerecht eingebaut wird. Die zusätzliche Berücksichtigung im Terminplan ermöglicht eine weitere Absicherung hinsichtlich einer fach- und sachgerechten Kontrolle des Baufortschritts und stellt sicher, dass die Nachhaltigkeitsziele im Bauprozess konsequent umgesetzt werden.

e) Dokumentation des Bauablaufs (zum Beispiel Bautagebuch)

Die Dokumentation des Bauablaufs durch z. B. ein Bautagebuch, Fotos und Protokolle gewährleistet die Nachvollziehbarkeit und Rückverfolgbarkeit des Baufortschritts. Insbesondere durch die Fotodokumentation und entsprechende Niederschriften kann der Einbau der vereinbarten nachhaltigen Materialien und Baustoffe festgehalten werden. Dies ist besonders relevant, da viele Bauteile, wie etwa Unterkonstruktionen oder Leitungen, nach ihrer Errichtung bzw. Installation nicht mehr sichtbar sind. Daher sind (Foto-)Dokumentationen dieser Elemente für die spätere Nachvollziehbarkeit unverzichtbar. Eine umfassende Dokumentation dient dabei nicht nur der Unterstützung des laufenden Bauprozesses, sondern ist auch entscheidend für den gesamten Lebenszyklus des Bauwerks, einschließlich der Nutzungsphase, zukünftiger Umbaumaßnahmen sowie eines möglichen Rückbaus.

f) Gemeinsames Aufmaß mit den ausführenden Unternehmen

Diese Leistung wird erforderlich, wenn anhand eines Einheitspreisvertrages abzurechnen ist. Der endgültige Baupreis in einem solchen Vertrag richtet sich nach den tatsächlich erbrachten Mengen und Massen der einzelnen Leistungen, für die zuvor festgelegte Einheitspreise vereinbart wurden.

Zur Sicherung der ökonomischen Qualität und Nachvollziehbarkeit seitens der prüfenden Objektplanung ist ein (gemeinsames) Aufmaß und eine qualifizierte Dokumentation der Aufmaßunterlagen von elementarer Bedeutung.

g) Rechnungsprüfung einschließlich Prüfen der Aufmaße der bauausführenden Unternehmen

Die Aufmaß- und Rechnungsprüfung dient erneut maßgeblich der Sicherstellung der ökonomischen Qualität. Der Objektplaner ist verantwortlich für die Prüfung der erstellten Aufmaße und der daraus abgeleiteten Rechnungen auf sachliche, fachliche und rechnerische Korrektheit. Dabei ist auch zu prüfen, ob die abgerechneten Leistungen im Hinblick auf die vereinbarten Nachhaltigkeitskriterien ordnungsgemäß ausgeführt wurden und somit entsprechend vergütet werden können, was wiederum der Qualitätssicherung dient.

h) Vergleich der Ergebnisse der Rechnungsprüfungen mit den Auftragssummen einschließlich Nachträgen

Im Rahmen dieser Grundleistung können keine zusätzlichen Nachhaltigkeitsaspekte zur Ausführung kommen.

i) Kostenkontrolle durch Überprüfen der Leistungsabrechnung der bauausführenden Unternehmen im Vergleich zu den Vertragspreisen

Auch bei der anschließenden Kostenkontrolle gibt es keine eigenständigen Nachhaltigkeitskriterien zu implementieren.

j) Kostenfeststellung, zum Beispiel nach DIN 276

Die Kostenfeststellung dient dem Nachweis der tatsächlich entstandenen Kosten und bildet die Abrechnungsergebnisse ab. In dieser Leistung können jedoch keine zusätzlichen Nachhaltigkeitsaspekte berücksichtigt werden.

k) Organisation der Abnahme der Bauleistungen unter Mitwirkung anderer an der Planung und Objektüberwachung fachlich Beteiligter, Feststellung von Mängeln, Abnahmeempfehlung für den Auftraggeber

Die Abnahme der Bauleistungen ist ein entscheidender Schritt zur Sicherstellung der unter anderem sozialen, funktionalen und technischen Qualität des Bauwerks. Im Rahmen der Abnahme werden mögliche Mängel identifiziert, dokumentiert und Maßnahmen zur deren Beseitigung eingeleitet. Dies dient dem Ziel, ein mangelfreies Bauwerk an den AG zu übergeben und damit den langfristigen, nachhaltigen Betrieb des Gebäudes zu gewährleisten.

Im Zuge der Abnahme werden dem AG umfassende Dokumentationsunterlagen übergeben, die eine transparente Nachvollziehbarkeit des Bauprozesses ermöglichen. Diese umfassen z. B. Details zu den verwendeten Materialien und Bauweisen. Die genaue Auflistung der zu übergebenden Dokumentationen ist in der Grundleistung m) spezifiziert.

l) Antrag auf öffentlich-rechtliche Abnahmen und Teilnahme daran

Die primäre Aufgabenstellung dieser Leistung besteht darin, die notwendige öffentlich-rechtliche Abnahme in die Wege zu leiten. Diese bezieht sich auf die Kontrolle, ob die Bauausführung der Baugenehmigung entspricht. Im Rahmen dieser Leistung lassen sich allerdings keine zusätzlichen Nachhaltigkeitskriterien realisieren.

m) Systematische Zusammenstellung der Dokumentation, zeichnerischen Darstellungen und rechnerischen Ergebnisse des Objekts

Eine umfassende und vollständige Dokumentation des Bauvorhabens hat, wie bereits mehrfach hervorgehoben, einen großen Stellenwert. Sie stellt die Grundlage für eine effiziente Nutzungs-, Umbau- und Rückbauphase des Gebäudes dar und trägt wesentlich zur Verbesserung der Prozessqualität bei. Durch eine detaillierte Dokumentation wird zudem die Langlebigkeit des Bauwerks gefördert.

Im Rahmen der Dokumentation sind sämtliche Unterlagen der an der Planung und am Bau Beteiligten anzufordern und systematisch zusammenzustellen. Dabei spielen insbesondere folgende Unterlagen eine zentrale Rolle:

- Zeichnerische Darstellungen: Pläne, die den tatsächlichen Zustand des errichteten Bauwerks widerspiegeln.

- Produkt- und Materialdokumentation: Produktbeschreibungen, Sicherheitsdatenblätter, Zertifikate sowie Zulassungsdokumente der verwendeten Materialien, Bauprodukte und technischen Anlagen.
- Bedienungs- und Wartungsanweisungen: Umfassende Anleitungen zur Bedienung, Pflege, Inspektion und Wartung der Gebäudekomponenten und technischen Anlagen.
- Protokolle und Prüfberichte: Rechnungsunterlagen sowie Protokolle und Berichte von Messungen, wie z. B. Berechnungen zur Konformität mit dem Gebäudeenergiegesetz (GEG), Mengenermittlungen sowie die Ergebnisse von Schall- oder Luftdichtheitsprüfungen.
- Abnahmeprotokolle: Dokumente und Bescheinigungen, die die Abnahme der Bauleistungen belegen.

Diese Unterlagen gewährleisten eine transparente Nachvollziehbarkeit des Bauprozesses und fördern die langfristige, nachhaltige Nutzung sowie Instandhaltung des Bauwerks. Dadurch können bspw. auch die Lebenszykluskosten optimiert bzw. reduziert werden.

n) Übergabe des Objekts

Mit der Bauübergabe geht das Bauwerk in den Besitz des AG über. Hierbei ist in der Regel ein Übergabeprotokoll anzufertigen. Ein zentraler Aspekt der Übergabe (auch im Sinne der Nachhaltigkeit) ist die vollständige Überreichung der Projektdokumentation, die gemäß Grundleistung m) erstellt wurde. Innerhalb der Grundleistung selbst gibt es keine weiteren Nachhaltigkeitsaspekte zu implementieren.

o) Auflisten der Verjährungsfristen für Mängelansprüche

Diese Leistung beinhaltet keine weiterführende Berücksichtigung von Nachhaltigkeitsaspekten.

p) Überwachen der Beseitigung der bei der Abnahme festgestellten Mängel

Die Überwachung der Beseitigung der im Rahmen der Abnahme gemäß Grundleistung k) festgestellten Mängel ist von zentraler Bedeutung, um sicherzustellen, dass diese vollständig behoben werden. Die erfolgreiche Mängelbeseitigung steht dabei in direktem Zusammenhang mit verschiedenen Aspekten der Nachhaltigkeit, einschließlich technischer, funktionaler, sozialer und ökonomischer Qualität.

In der nachstehenden Abb. 4.3 werden die wichtigsten Nachhaltigkeitskriterien zusammenfassend für die Grundleistungen der LPH 8 dargestellt.

Abb. 4.3 Relevante Nachhaltigkeitskriterien innerhalb der Grundleistungen in LPH 8

4.2 Zusammenfügen der Kriterien zu einem Leitfaden

4.2.1 Strukturierung und Aufbau

Bevor die zuvor aus Technik und Forschung abgeleiteten Kriterien in einem Leitfaden zusammengefasst und angewandt werden können, ist zunächst zu prüfen, welche Anforderungen seitens des AG zu berücksichtigen sind.

Eine allgemein geltende Grundvoraussetzung ist in erster Linie, dass sowohl der AG als auch der Objektplaner das Ziel verfolgen, Nachhaltigkeitsaspekte in das zu planende und auszuführende Industriebauvorhaben zu integrieren und eine konkrete Anwendung des Leitfadens vorgesehen ist. Anschließend sind drei zentrale Rubriken zu klären:

Nachhaltigkeitsziele des AG: Einige AG haben bereits umfassende Nachhaltigkeitskriterien für ihre Industriebauprojekte entwickelt, oft in Form eines Lastenhefts. In diesem Fall ist es seitens der Objektplanung erforderlich, diese Vorgaben gezielt in den LPH 6 bis 8 zu berücksichtigen. Für den Leitfaden bedeutet dies, dass die Vorgaben überprüft und, falls erforderlich, ergänzt werden müssen. Sollten vom AG keine spezifischen Nachhaltigkeitsziele formuliert sein, kann sich unmittelbar am Leitfaden orientiert werden.

Nachhaltigkeitszertifizierung: Viele AG streben inzwischen eine Zertifizierung ihrer Bauprojekte an. Sollte dies der Fall sein, ist zunächst zu klären, welche Zertifizierung gewünscht wird. Bei einer Zertifizierung nach DGNB kann der eigene Leitfaden direkt angewendet werden, da dort unter anderem Kriterien der DGNB implementiert sind sowie die entsprechenden Indikatoren gekennzeichnet sind. Wird jedoch eine andere Zertifizierung wie LEED oder BREEAM angestrebt, müssen deren spezifischen Anforderungen untersucht und in den Leitfaden integriert werden. Der wesentliche Unterschied liegt oft in der Gewichtung der Nachhaltigkeitsdimensionen. Wie bereits thematisiert und in Abb. 3.3 dargestellt, fokussieren sich LEED und BREEAM überwiegend auf ökologische Aspekte, während soziale und besonders ökonomische Aspekte eine untergeordnete Rolle spielen. Im Gegensatz dazu strebt die DGNB eine ausgewogene Berücksichtigung aller drei Dimensionen an. Entsprechend würde eine Anpassung des Leitfadens für LEED oder BREEAM eine stärkere Betonung der ökologischen Aspekte erfordern. Wird keine Zertifizierung angestrebt, kann der Leitfaden unmittelbar angewendet werden. Sollte der AG im Verlauf des Projekts seine Entscheidung ändern und eine Zertifizierung wünschen, kann durch die bereits im Leitfaden berücksichtigten DGNB-Kriterien, ggfs. ergänzt durch zusätzliche Überprüfungen, eine Zertifizierung nach DGNB ermöglicht werden.

EU-Taxonomie: Die Anforderungen der EU-Taxonomie, die spätestens ab 2025 für viele Industrieunternehmen verpflichtend werden, dürfen ebenfalls nicht außer Acht gelassen werden. Demnach ist zunächst zu prüfen, ob die Regelungen der EU-Taxonomie für den betreffenden AG gelten. Die derzeitigen Voraussetzungen wurden dabei bereits innerhalb des Kap. 3.1 aufgegriffen. Treffen die Kriterien zu, müssen die Anforderungen der EU-Taxonomie im Leitfaden berücksichtigt werden. Sollte der AG derzeit nicht der EU-Taxonomie unterliegen, besteht die Möglichkeit, die Vorgaben entweder nicht oder sie dennoch freiwillig zu berücksichtigen. Da die Anforderungen der EU-Taxonomie schrittweise für immer mehr Unternehmen bindend werden, kann eine frühzeitige Berücksichtigung, auch ohne aktuelle Verpflichtung, sinnvoll sein. Zudem decken die DGNB-Kriterien, die im Leitfaden angewendet werden, bereits wesentliche Anforderungen der EU-Taxonomie ab [10].

Nachdem diese Punkte geklärt sind, kann der Leitfaden entweder direkt angewendet oder, falls erforderlich, um zusätzliche Nachhaltigkeitsaspekte seitens des AG oder aufgrund eines anderen gewählten Zertifizierungssystems angepasst werden.

Das in Abb. 4.4 dargestellte Schema verdeutlicht den gesamten Prüfprozess und zeigt die verschiedenen Ergebnisse im Falle einer Anwendung des Leitfadens unter der Rubrik „Leitfaden liegt vor“ auf: Die grünen Felder zeigen die unmittelbare Nutzung des Leitfadens an, während orange Felder auf notwendige Modifikationen hinweisen. Ein rotes Feld wird hingegen angezeigt, wenn Nachhaltigkeitszertifizierungen bzw. die EU-Taxonomie nicht berücksichtigt werden.

Sollte die Anwendung des Leitfadens allerdings nicht vorgesehen sein, bietet das Schema in der Abb. 4.4 unter der Rubrik „Leitfaden liegt nicht vor“ eine alternative Vorgehensweise. Blaue Felder zeigen dabei an, dass die entsprechenden Angaben und Maßnahmen zusammengeführt und in die Nachhaltigkeitsbetrachtung einbezogen werden müssen. Rote Felder hingegen signalisieren, dass bei Verzicht auf eine Zertifizierung und/oder einer Nichtberücksichtigung der EU-Taxonomie die dazugehörigen Kriterien vernachlässigt werden können. So lässt sich auch bei Nichtanwendung des Leitfadens erkennen, welche Kriterien für die Nachhaltigkeitsbewertung eines spezifischen Projekts relevant sind.

Nach Abschluss der vorhergehenden Prüfung und im Falle eines vorliegenden Leitfadens kann dieser anschließend angewendet werden. Die Darstellung des Leitfadens erfolgt dabei in tabellarischer Form innerhalb eines digitalen Textdokuments.

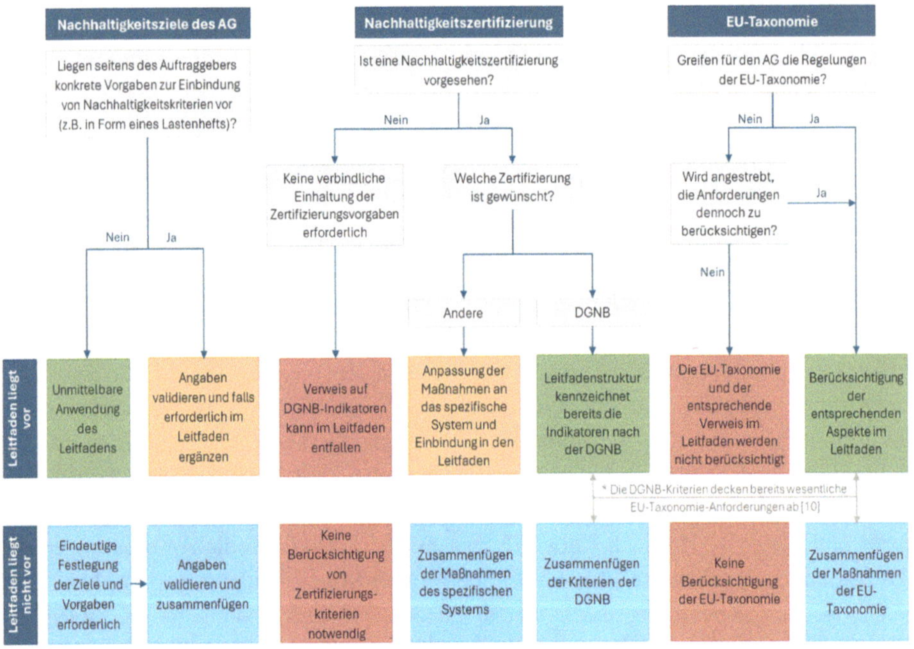

Abb. 4.4 Übersicht zur Prüfung von Nachhaltigkeitsvorgaben, Zertifizierungen und der EU-Taxonomie

Im Rahmen der allgemeinen Angaben sind zunächst die grundlegenden Projektinformationen auszufüllen, darunter die Projektbezeichnung, Projektnummer, der Bauherr, die Zuständigkeit seitens der Objektplanung sowie das Bearbeitungsdatum.

Daraufhin folgt eine tabellarische Struktur (vgl. Tab. 4.1), in der zunächst die LPH 6 bis 8 unterschieden werden. Für jede dieser LPH sollen spezifische Nachhaltigkeitsziele definiert werden, denen entsprechende Maßnahmen zugeordnet werden, um die nachhaltige Umsetzung im Bauvorhaben innerhalb der eingegrenzten Phasen sicherzustellen.

Um eine umfassende Bewertung zu gewährleisten, erhält jede Maßnahme eine Zuordnung zu den relevanten Nachhaltigkeitsdimensionen. Diese umfassen neben den drei Kernbereichen – Ökologie, Ökonomie und Soziales – auch die funktionale und technische Qualität, die Prozess- sowie die Standortqualität. Grundlage dafür bilden die DIN EN 15643 „Nachhaltigkeit von Bauwerken – Bewertung der Nachhaltigkeit von Gebäuden" und die DGNB. Die Abkürzungen zur Zuordnung dieser orientieren sich teilweise an den Standards der DGNB und sind wie folgt definiert:

- ENV – Ökologie (engl. environment)
- ECO – Ökonomie (engl. economy)
- SOC – Soziales (engl. social)
- FUNC – Funktionale Qualität (engl. functional quality)
- TECH – Technische Qualität (engl. technical quality)
- PROC – Prozessqualität (engl. process quality)
- SITE – Standortqualität (engl. site quality)

Tab. 4.1 Tabellarische Auflistung und Unterscheidung der Kategorien innerhalb des Leitfadens anhand eines Beispiels

	Maßnahmen	Betreffende Dimension(en)	Anforderungen nach EU-Taxonomie	Indikator nach DGNB	Zuständig	Zuarbeit
Ziel 6.2	**Integration von Nachhaltigkeitskriterien in die LVs**					
	Integration funktioneller Aspekte wie Anpassungs-, Wandlungs- und Rückbaufähigkeit.	FUNC	Materialien, Baustoffe und Bautechnik müssen die Kreislaufführung im Hinblick auf die Rückbau- und Anpassbarkeit von Gebäuden unterstützen und die Verlängerung der Lebensdauern herbeiführen.	x	OP	NB

Ist ein Kriterium unmittelbar mit einer Anforderung der EU-Taxonomie verbunden, wird dies in der entsprechenden Spalte der Tabelle erläutert. Sollte die EU-Taxonomie keine Berücksichtigung finden, kann diese Spalte entfallen.

Des Weiteren ist gekennzeichnet, ob es sich bei einer Maßnahme auch unmittelbar um einen Indikator nach dem Kriterienkatalog für Neubauten der DGNB (Version 2023) handelt. Im Falle einer anderen Zertifizierung wie BREEAM oder LEED muss die Kennzeichnung der Indikatoren auf deren Kriterien angepasst werden. Ist keine Zertifizierung erwünscht, entfällt die Spalte innerhalb der Tabelle.

Zuletzt sind auch die Zuständigkeiten aufgeführt und es wird gekennzeichnet, inwiefern von wem eine Zuarbeit notwendig ist. Die Abkürzungen sind hierbei wie folgt spezifiziert:

- AF – Ausführende Firmen
- AG – Auftraggeber
- FP – Fachplanung
- NB – Nachhaltigkeitsberatung (z. B. Spezialist für Ausschreibungsmanagement, Bauökologe, Zertifizierungs-Auditor)
- OP – Objektplanung
- SiGeKo – Sicherheits- und Gesundheitsschutzkoordinator

Im Folgenden gilt es nun, die definierten Vorgaben für die jeweiligen Kriterien innerhalb der LPH 6 bis 8 praktisch umzusetzen. Dabei ist zu beachten, dass der Leitfaden flexibel gestaltet werden soll. Je nach den Ergebnissen der vorherigen Prüfungen – insbesondere unter Berücksichtigung der Vorgaben des AGs, des gewählten Zertifizierungssystems oder der Anforderungen der EU-Taxonomie – können Anpassungen, Erweiterungen oder der Verzicht auf bestimmte Kriterien erforderlich sein.

Diese iterative Vorgehensweise zielt darauf ab, eine fundierte Grundlage für die Implementierung von Nachhaltigkeitskriterien zu schaffen und gleichzeitig sicherzustellen, dass der Leitfaden dynamisch bleibt und den spezifischen Anforderungen des Projekts flexibel angepasst werden kann.

4.2.2 Umsetzung

Im Anschluss an die bereits dargelegte Struktur des Leitfadens wird nun dessen konkrete Umsetzung anhand von Beispielen erläutert. Der vollständige Leitfaden ist in Anlage 1 aufgeführt. Dieser folgt einer chronologischen Reihenfolge von definierten Zielen und den dazugehörigen Maßnahmen, die innerhalb der LPH 6 bis 8 angesiedelt sind. Diese basieren auf den in Abschn. 4.1 abgeleiteten Kriterien und sollen jene in einem Dokument kompakt zusammenfassen.

Zu Beginn der LPH 6 steht zunächst die Erstellung eines Vergabeterminplan im Fokus, wobei der zusätzliche Aufwand durch die Berücksichtigung von Nachhaltigkeitskriterien eingeplant werden soll. Dies umfasst den höheren Aufwand der Integration der Nachhaltigkeitsanforderungen in die LVs, die verlängerte Bearbeitungszeit für die Bieter sowie eine erweiterte Prüfungsdauer seitens der Objektplanung. Diese Maßnahmen sind der Prozessqualität zuzuordnen, da sie eine reibungslose und nachhaltige Abwicklung der Prozesse innerhalb des Vergabeterminplans sicherstellen sollen. Eine direkte Verknüpfung mit der Anforderungen der EU-Taxonomie und den Indikatoren der DGNB besteht innerhalb dieser Maßnahmen jedoch nicht (vgl. Tab. 4.2).

Ein wesentliches Ziel in der LPH 6 ist auch die Integration von Nachhaltigkeitskriterien in die zu erstellenden LVs. Dabei gilt es bspw. Anforderungen an die Gesundheits- und Umweltverträglichkeit zu berücksichtigen, wie sie auch von der DGNB und der EU-Taxonomie gefordert werden. Letzteres schreibt z. B. den Einbau nur bau- und chemikalienrechtlich zugelassener Produkte (über die CE-Kennzeichnung) vor. Dabei kann z. B. auch auf spezifische Materialien und Baustoffe zurückgegriffen werden, die

Tab. 4.2 Nachhaltigkeitsmaßnahmen im Rahmen der Erstellung des Vergabeterminplans in LPH 6

	Maßnahmen	Betreffende Dimension(en)	Anforderungen nach EU-Taxonomie	Indikator nach DGNB	Zuständig	Zuarbeit
Ziel 6.1	**Erstellung eines Vergabeterminplans unter Berücksichtigung der zusätzlichen Anforderungen durch Nachhaltigkeitskriterien**					
	Einplanung eines erhöhten zeitlichen Aufwands für die Integration von Nachhaltigkeitskriterien in die LVs.	PROC	–	–	OP	–
	Berücksichtigung einer verlängerten Bearbeitungszeit für die Erstellung der Angebote durch die Bieter, aufgrund der zusätzlichen Nachhaltigkeitsanforderungen.	PROC	–	–	OP	AF
	Einbeziehung einer erweiterten Prüfungsdauer durch die Objektplanung, um eine detaillierte Bewertung der Angebote hinsichtlich der Erfüllung der festgelegten Nachhaltigkeitskriterien sicherzustellen.	PROC	–	–	OP	–

in einer „Positivliste“ zusammengefasst sind, um generell nicht nachhaltige Produkte im Vorfeld auszuschließen. Zusätzlich sollen technische wie Dauerhaftigkeit und funktionale Eigenschaften wie Wandlungsfähigkeit in die LVs einfließen. Ebenso müssen Vorgaben zur Qualitätskontrolle festgelegt werden, die zugleich auch in den Anforderungen der EU-Taxonomie und DGNB verankert sind (vgl. Tab. 4.3).

Da viele dieser Maßnahmen mehrere Dimensionen der Nachhaltigkeit umfassen, können sie nicht eindeutig einer einzelnen Dimension zugeordnet werden, sondern betreffen oft gleichzeitig mehrere Aspekte wie am Bsp. der Qualitätssicherung: Ökologie, Soziales, funktionale und technische Qualität.

Neben den genannten Zielen beinhaltet die LPH 6 auch Maßnahmen zur Förderung einer effizienten Zusammenarbeit mit den Fachplanern bei der Erstellung der LVs. Darüber hinaus müssen die Vergabeunterlagen umfassend überprüft werden, insbesondere im Hinblick auf die einheitliche und systematische Berücksichtigung der Nachhaltigkeitskriterien.

Im weiteren Verlauf geht der Leitfaden in die LPH 7 über, in der Maßnahmen vom Einholen der Angebote über deren Prüfung und Bewertung bis hin zur Mitwirkung bei der Vergabe umgesetzt werden sollen. Bei der Angebotsprüfung sind neben den fachlichen, inhaltlichen und ökonomischen Aspekten auch ökologische und soziale Kriterien sowie auf Nachhaltigkeit ausgerichtete Zuschlags- und Eignungskriterien von besonderer Bedeutung. Dies gewährleistet eine umfassende Berücksichtigung und Integration von Nachhaltigkeitsaspekten im gesamten Vergabeprozess. Die EU-Taxonomie stellt hierbei ebenfalls Anforderungen, bspw. in Bezug auf Recyclingquoten, Abfalltrennung oder soziale Standards, wie Grundsätze zu Menschen- und Arbeitsrechten (vgl. Tab. 4.4).

Auch diese Phase verdeutlicht, dass viele Nachhaltigkeitsdimensionen eng miteinander verknüpft sind, in direkter Wechselwirkung miteinander stehen und daher häufig gleichzeitig in den Maßnahmen Anwendung finden.

Im letzten Teil des Leitfadens werden die Zielstellungen für die LPH 8, die Objektüberwachung, dargelegt. Das übergeordnete Ziel dieser Phase ist die planmäßige und mängelfreie Errichtung des Bauvorhabens sowie die anschließende Übergabe dessen an den AG.

Neben der Überwachung und Dokumentation der Einhaltung der in den Plänen, LVs, Verträgen und weiteren Unterlagen festgelegten (Nachhaltigkeits-)Anforderungen, sowie der ordnungsgemäßen Verwendung von Baustoffen und Materialien und deren fachgerechter Ausführung, spielt der Schutz der am Bau Beteiligten, der Umwelt und der umliegenden Nachbarschaft eine zentrale Rolle. Dieser Schutz wird bspw. durch Maßnahmen zur Lärm- und Staubvermeidung, zum Boden- und Grundwasserschutz sowie zur Vermeidung und Trennung von Abfällen, einschließlich deren fachgerechter Entsorgung, gewährleistet. Diese Zielsetzungen müssen zudem im Rahmen der EU-Taxonomie-Vorgaben eingehalten werden und finden auch innerhalb der DGNB-Indikatoren Anwendung (vgl. Tab. 4.5).

Weiterhin gilt es auch Ziele wie eine effektive Koordination aller fachlich Beteiligten sowie eine lückenlose Nachvollziehbarkeit und Rückverfolgbarkeit der Bauausführung

Tab. 4.3 Nachhaltigkeitsmaßnahmen im Rahmen der Aufstellung der LVs in LPH 6 (Auszug gemäß Anlage 1)

	Maßnahmen	Betreffende Dimension(en)	Anforderungen nach EU-Taxonomie	Indikator nach DGNB	Zuständig	Zuarbeit
Ziel 6.2	**Integration von Nachhaltigkeitskriterien in die LVs**					
	Einhaltung von Anforderungen hinsichtlich Gesundheits- und Umweltverträglichkeit (z. B. Verwendung von Produkten mit anerkannten Umweltlabels) sowie – sofern vorhanden – Befolgung der Vorgaben der „Positivliste“.	ENV SOC	Nur bau- und chemikalienrechtlich zugelassene Produkte werden eingesetzt/eingebaut (über CE-Kennzeichnung). (…)	x	OP	NB
	Integration technischer Aspekte wie Dauerhaftigkeit, Reinigungs- und Instandhaltungsfreundlichkeit sowie die Einbindung von Wartungsverträgen.	TECH	–	x	OP	NB
	Integration funktioneller Aspekte wie Anpassungs-, Wandlungs- und Rückbaufähigkeit.	FUNC	Materialien, Baustoffe und Bautechnik müssen die Kreislaufführung im Hinblick auf die Rückbau- und Anpassbarkeit von Gebäuden unterstützen und die Verlängerung der Lebensdauern herbeiführen.	x	OP	NB
	Festlegung von Vorgaben zur Qualitätssicherung, einschließlich der Zuständigkeiten und Durchführung von Messungen und Prüfungen, wie Blower-Door-Tests und Raumluftmessungen.	ENV SOC FUNC TECH	Ausführen von Qualitätskontrollprozessen während des Bauprozesses bzw. Luftdichtheit-, Innenraumluft- und Thermografiemessungen nach Fertigstellung. Einhaltung geforderter Grenzwerte.	x	OP	FP NB

Tab. 4.4 Nachhaltigkeitsmaßnahmen bei der Prüfung und Wertung von Angeboten in LPH 7 (Auszug gemäß Anlage 1)

	Maßnahmen	Betreffende Dimension(en)	Anforderungen nach EU-Taxonomie	Indikator nach DGNB	Zuständig	Zuarbeit
Ziel 7.3	**Gesamtheitliche Prüfung und Wertung der Angebote**					
	Neben der fachlichen, inhaltlichen und ökonomischen Prüfung bspw. auch ökologische und soziale Aspekte berücksichtigen. Bewertungsinstrumente hinsichtlich Nachhaltigkeit ausrichten (z. B. auf Basis des Forschungsberichts im Auftrag des BBSR [8]).	ENV ECO SOC TECH	–	–	OP	NB
	Nachhaltigkeitsorientierte Ausrichtung der Zuschlagskriterien (z. B. Berücksichtigung von Lebenszykluskosten, Verwendung von Recyclingmaterialien) sowie der Eignungskriterien (z. B. betrieblicher Umweltschutz, gute Arbeitsbedingungen, Gleichberechtigung, gerechte Entlohnung).	ENV ECO SOC TECH FUNC PROC	Berechnung und Offenlegung des aus dem Bau resultierenden Treibhausgaspotenzials des Bauvorhabens für jede Phase im Lebenszyklus. Mind. 70 % der auf der auf der Baustelle anfallenden nicht gefährlichen Bau- und Abbruchabfälle werden für die Wiederverwendung aufbereitet oder dem Recycling zugeführt. (…)	x	OP	NB

Tab. 4.5 Nachhaltigkeitsmaßnahmen zur Sicherstellung eines planmäßig und mängelfrei errichteten Bauwerks in LPH 8 (Auszug gemäß Anlage 1)

	Maßnahmen	Betreffende Dimension(en)	Anforderungen nach EU-Taxonomie	Indikator nach DGNB	Zuständig	Zuarbeit
Ziel 8.1	**Sicherstellen einer planmäßigen und mängelfreien Errichtung des Bauwerks**					
	Kontinuierliche Überprüfung der Einhaltung der in den Plänen, LVs, Verträgen sowie ergänzenden Unterlagen festgelegten (Nachhaltigkeits-) Anforderungen.	ENV TECH PROC	–	–	OP FP	–
	Überwachung und Dokumentation der ordnungsgemäßen Verwendung der vorgesehenen Materialien, Baustoffe und Hilfsstoffe sowie der korrekten Ausführung der Arbeiten.	ENV TECH PROC	Nutzung digitaler Tools zur Darstellung der Charakteristika wie Materialien und Bauprodukte des Vorhabens für die zukünftige Instandhaltung, den Rückbau und Wiederverwendung.	–	OP FP	AF
	Schutz der am Bau Beteiligten, der Umwelt und der umliegenden Nachbarschaft sicherstellen (durch bspw. Maßnahmen zur Lärm- und Staubvermeidung, zum Boden- und Grundwasserschutz, zur Abfallvermeidung bzw. Trennung und Entsorgung).	ENV SOC PROC	Durchführung einer Klimarisiko- und Vulnerabilitätsanalyse. Es werden Maßnahmen zur Reduzierung von Lärm, Staub und Schadstoffemissionen während der Bau- oder Wartungsarbeiten getroffen. (..)	x	OP FP	AF SiGeKo

sicherzustellen. Dies umfasst eine präzise Dokumentation des gesamten Bauprozesses, um in späteren Lebenszyklusphasen wie der Nutzung, einem Um- oder Rückbau auf diese Dokumente zurückgreifen zu können. Die EU-Taxonomie empfiehlt hierbei die Nutzung digitaler Tools zur Darstellung der wesentlichen Charakteristika, wie eingesetzte Materialien und Bauprodukte, in einheitlicher Form.

Zur umfassenden Bewertung des gesamten Lebenszyklus des Bauwerks ist es erforderlich, die seitens Objektplanung zusammengestellte Dokumentation dem AG bei der Projektübergabe zu übermitteln. Voraussetzung für die Übergabe des Bauwerks ist die Abnahme aller Gewerke, bei der festgestellte Mängel identifiziert und die anschließende Mängelbeseitigung kontrolliert werden müssen. Erst nach erfolgreicher Abnahme und Beseitigung der Mängel kann das Bauvorhaben die geforderten qualitativen Standards erfüllen.

4.3 Auswertung

In diesem Kap. wurden alle relevanten Aspekte zur Implementierung von Nachhaltigkeitskriterien in den LPH 6 bis 8 im Rahmen der Objektplanung und der Grundleistungen des Leistungsbildes „Gebäude und Innenräume" auf Basis der analysierten technischen und wissenschaftlichen Unterlagen systematisch abgeleitet, strukturiert und in einem Leitfaden zusammengeführt. Dieser soll dabei als initialer Impuls dienen, sich intensiv mit verschiedenen Aspekten und Kriterien in den LPH 6 bis 8 auseinanderzusetzen und zeigt auf, welche Nachhaltigkeitsmaßnahmen seitens der Objektplanung in diese Phasen integriert werden können.

Bei der Betrachtung der Nachhaltigkeitsdimensionen spielt innerhalb der LPH 6 bis 8 besonders die Prozessqualität eine zentrale Rolle, was sich auch in der Häufigkeit ihrer Anwendung im Leitfaden widerspiegelt. Dennoch wurden alle Dimensionen der Nachhaltigkeit – einschließlich Ökologie, Ökonomie, sozialer, technischer und funktionaler Qualität – mehrfach aufgegriffen, um eine ausgewogene und umfassende Bewertung sicherzustellen. Selbst die Standortqualität, welche in den fortgeschrittenen Phasen eines Bauprojekts oft schwierig zu beeinflussen ist, konnte innerhalb der Auswahl von Unternehmen zur Angebotsabgabe im Leitfaden dennoch sinnvoll eingebunden werden.

Ein weiterer Schwerpunkt lag auf der Relevanz und Implementierung der Anforderungen für Neubauten gemäß der EU-Taxonomie, da diese im Industriebau zunehmend an Bedeutung gewinnt und immer mehr große Unternehmen in diesem Sektor davon betroffen sind. Demnach wurden die entsprechenden technischen Bewertungskriterien für Neubauten den jeweiligen Maßnahmen innerhalb der LPH zugeordnet. Es ist jedoch wichtig zu betonen, dass die hier vorgestellten Inhalte lediglich erste Impulse darstellen und hinter den allgemeinen Erläuterungen weitaus detailliertere Angaben und Fakten stehen, mit denen sich im Zuge einer Baumaßnahme intensiver auseinander gesetzt werden muss. Die genannten Anforderungen nach der EU-Taxonomie sollen damit als Anstoß dienen, um auf die Relevanz spezifischer EU-Taxonomie-Kriterien hinzuweisen und deren Berücksichtigung im Ausschreibungs-, Vergabe- und Bauprozess sicherzustellen.

Darüber hinaus sieht die EU-Taxonomie, je nach Art und Branche des zu errichtenden Industriebaus, zusätzliche branchenspezifische Kriterien vor. So müssen bspw. bei der Planung und Errichtung einer Produktionsstätte für einen Automobilhersteller die entsprechenden Bewertungskriterien des Abschnitts „Verarbeitendes Gewerbe/Herstellung von Waren" berücksichtigt werden. Sollten im Bauvorhaben z. B. Ladestationen für Elektrofahrzeuge vorgesehen sein, sind darüber hinaus die technischen Bewertungskriterien für die „Installation, Wartung und Reparatur von Ladestationen für Elektrofahrzeuge" zu beachten [11].

In der Gesamtschau wird weiterhin deutlich, dass mehrere der beschriebenen Nachhaltigkeitsmaßnahmen mehrfach mit den Vorgaben der EU-Taxonomie verknüpft sind. Wiederholt beziehen sich dieselben Maßnahmen phasenübergreifend auf ähnliche Themen, was zur Folge hat, dass identische Kriterien der EU-Taxonomie mehrfach angewendet und in verschiedenen Phasen erneut berücksichtigt werden müssen. Dies betrifft z. B. Maßnahmen zur Qualitätssicherung, bei denen bereits in den LVs festgelegt werden muss, welche Prüfungen und Messungen von welchem Gewerk durchgeführt werden sollen und welche Grenzwerte einzuhalten sind. In der Bauausführung müssen diese Prozesse dann detailliert koordiniert und überwacht werden.

Auch die Kennzeichnung der Indikatoren nach der DGNB zeigt auf, dass innerhalb der LPH 6 bis 8 durchaus Maßnahmen integriert sind, die zur Nachhaltigkeitsbewertung beitragen. Dabei spielt allerdings die Art und der Detaillierungsgrad der Umsetzung jedes Indikators eine zentrale Rolle, um den entsprechenden Punktewert für die schlussendliche Bewertung festzulegen.

Schließlich soll der Leitfaden als Überblick dienen, welche Maßnahmen zur nachhaltigen Gestaltung der LPH 6 bis 8 für den Objektplaner umsetzbar sind. Die erfolgreiche Implementierung dieser Maßnahmen hängt allerdings zunächst maßgeblich von der Bereitschaft des Bauherrn sowie der beteiligten Akteure ab, die Nachhaltigkeitsziele zu unterstützen und in die Projektplanung und.

-ausführung einzubringen. Die aktive Mitwirkung aller Beteiligten ist damit unerlässlich, um eine konsistente und umfassende Integration der Nachhaltigkeitsziele sicherzustellen.

Es ist zudem eindeutig, dass die frühzeitige Berücksichtigung von Nachhaltigkeitsaspekten zu Beginn eines Projektes und damit bereits in den frühen Planungsphasen den größten Einfluss auf das Bauwerk und dessen Lebenszyklusphasen hat (vgl. Abb. 2.4). Dennoch erlangen die LPH 6 bis 8 eine besondere Bedeutung, da in diesen Phasen die zuvor definierten Nachhaltigkeitsmaßnahmen konkret in die LVs integriert werden müssen. Dabei werden zentrale Elemente wie Materialien, Bauteile, Bautechniken sowie Maßnahmen zur Qualitätssicherung festgelegt. Dies gewährleistet, dass die in den LVs formulierten Nachhaltigkeitskriterien in der Ausführung umfassend umgesetzt werden, sodass ein qualitativ hochwertiges Bauwerk entsteht, das den Anforderungen der Nachhaltigkeit gerecht wird.

Abschließend sei nochmals auf die dynamische und flexible Anwendbarkeit des Leitfadens hingewiesen. Neben den grundlegenden Maßnahmen gilt es zusätzlich jede spezifische Projektlage zu berücksichtigen, bspw. im Hinblick auf die vom AG definierten Nachhaltigkeitsziele, etwaige Bauwerkszertifizierungen oder die Einhaltung der EU-Taxonomie. Abhängig von diesen Rahmenbedingungen kann es erforderlich sein, Ziele und Maßnahmen anzupassen, zu erweitern oder – im Falle der Nichtanwendung der EU-Taxonomie und/ oder keiner gewünschten Nachhaltigkeitszertifizierung – bestimmte Anforderungen gänzlich wegzulassen, wie aus dem Prüfungsschema in Abb. 4.4 ersichtlich.

Für eine vollständige Darstellung der Leitfadeninhalte, ist neben den in den Tab. 4.2 bis 4.5 dargestellten Inhalten, in Anlage 1 die umfassende Leitfadenübersicht aufgeführt.

Literatur

1. Bundesministerium des Innern, für Bau und Heimat (BMI). (2019). *Leitfaden Nachhaltiges Bauen – Zukunftsfähiges Planen, Bauen und Betreiben von Gebäuden.* 3. aktualisierte Aufl., BMI.
2. Koschlik, M. (2018). *Verfahren zur ganzheitlichen Nachhaltigkeitsintegration bei öffentlichen Baumaßnahmen im In- und Ausland.* Dissertation, Universität der Bundeswehr München.
3. Mayer, S. A. (2022). *Baumängel: Wie Sie mangelhaftes Material erkennen.* https://www.wn.de/freizeit/ratgeber/wohnen/baumaengel-wie-sie-mangelhaftes-material-erkennen-2526771?npg=. Zugegriffen: 30. Juli 2024.
4. Haas, S. et al. (2016). *Ökologische Baustoffwahl – Aspekte zur komplexen Planungsaufgabe Schadstoffarmes Bauen.* Bundesinstitut für Bau-, Stadt- und Raumforschung (BBSR), Forschung in die Praxis, Bd. 04.
5. Badr, A. et al. (2018). *Nachhaltigkeit gestalten.* Bayrische Architektenkammer, Ausgabe von Juni 2018.
6. ibau GmbH (2024). *Lebenszykluskosten.* https://www.ibau.de/akademie/glossar/lebenszykluskosten. Zugegriffen: 18.Juli 2024.
7. Hafner, A. (2011). *Wechselwirkung Nachhaltigkeit und (Bau-)Qualität – Systemische Betrachtung des Zusammenspiels von Nachhaltigkeitsaspekten und Kriterien der (Bau-)Qualität im Sensitivitätsmodell und in der Analyse von beispielhaften Gebäuden.* Dissertation, Technische Universität München.
8. Schwarz, J. et al. (2018). *Leitfaden für die Berücksichtigung von Nachhaltigkeitsaspekten bei der Vergabe öffentlicher Bauaufträge.* Endbericht, Universität der Bundeswehr München.
9. Wall, J. et al. (2014). Auswirkung der Energiepolitik auf die Bauwirtschaft – Implementierung von Nachhaltigkeitsanforderungen in die Ausschreibung und Vergabe von Bauleistungen, im Rahmen des 13. Symposium Energieinnovation, Graz.
10. DGNB GmbH (2023). *DGNB und EU-Taxonomie – Abgleich der Kriterien des DGNB Systems Gebäude Neubau (Version 2023) mit den Kriterien der EU-Taxonomie.* Ausgabe von April 2023.
11. Europäische Kommission (2023). *Delegierte Verordnung (EU) 2023/2486 der Kommission*, in der Fassung vom 27. Juni 2023, letzte berücksichtigte Änderung vom 21. November 2023.

5 Verifizierung im praktischen Zusammenhang

In diesem Kap. wird der zuvor erstellte Leitfaden exemplarisch anhand eines Referenzobjektes angewendet. Zunächst erfolgt die Vorstellung des Projekts, gefolgt von einer Analyse beispielhafter Maßnahmen innerhalb der LPH 6 bis 8 im Hinblick auf die darin enthaltenen Nachhaltigkeitsaspekte, wie sie im Leitfaden definiert sind. Da es sich zum Zeitpunkt der Untersuchung um ein laufendes Projekt handelt, können bisher nur die bereits abgeschlossenen Tätigkeiten bewertet werden. Dennoch werden zu bestimmten zukünftigen Aspekten fundierte Prognosen vorgenommen.

5.1 Einführung in das Referenzobjekt

Als Referenzprojekt wird der Neubau einer Industriehalle für einen Automobilhersteller herangezogen. Diese Halle soll vorrangig der Unterbringung von Messeinrichtungen zur Prüfung von Antennen und der elektromagnetischen Verträglichkeit (EMV) von Fahrzeugen dienen. Zusätzlich zu diesen Hauptfunktionsbereichen sind auch Messwarten, Werkstätten, Technik- und Nebenflächen sowie Sozial- und Büroräume vorgesehen.

Das Bauvorhaben ist in einem bestehenden Werk des Automobilherstellers in Deutschland angesiedelt und soll dort auf einem Baufeld in die vorhandene Verkehrsinfrastruktur eingebunden werden. In der nachstehenden Tab. 5.1 sind die wesentlichen Eckdaten des Projekts zusammengefasst.

A. Gerstner, *Implementierung von Nachhaltigkeitskriterien im Industriebau in den Leistungsphasen 6 bis 8*, Entwicklung neuer Ansätze zum nachhaltigen Planen und Bauen, https://doi.org/10.1007/978-3-658-47900-8_5

Tab. 5.1 Eckdaten des Referenzobjekts

Parameter	Angaben
Abmessungen (L x B x H)	ca. 54 × 40 × 18 m
Bruttogrundfläche (BGF)	ca. 6.300 m^2
Geschossaufbau	1 Kellergeschoss u. 3 aufgehende Vollgeschosse
Tragwerk	Tragstruktur in Stahlbeton, ergänzt durch Stahlkonstruktionen in Leichtbauweise
Dach	Ausführung als Warmdach mit Trapezblech u. extensiver Dachbegrünung
Fassade	Kassettenkonstruktion aus Stahlblech

Für die Objektplanung wurde ein Generalplaner beauftragt, der durch spezialisierte Fachplaner aus Bereichen wie TGA, Tragwerksplanung, Brandschutz und Bauphysik sowie innerhalb der Nachhaltigkeitsthematik fachlich unterstützt wird.

Im Hinblick auf die Nachhaltigkeit beabsichtigt der Automobilhersteller, dieses Projekt als Pilotprojekt zu nutzen und hat konkrete Vorstellungen zur Umsetzung nachhaltiger Maßnahmen. Die entsprechenden Vorgaben werden im Rahmen der Anwendung des Leitfadens detailliert erläutert.

Die Bauausführung soll im September 2024 mit den Erdbauarbeiten beginnen und einschließlich der Inbetriebnahme der Anlagen im November 2027 abgeschlossen sein, um anschließend einen reibungslosen und ordnungsgemäßen Betrieb zu gewährleisten.

Im Rahmen der Objektplanung wurden die Ausschreibungen aus zeitlichen Gründen größtenteils bereits nach Abschluss der LPH 3 durchgeführt, wobei die LVs für die Erd- und Rohbauarbeiten sogar auf Basis der LPH 2 erfolgten. Zum Zeitpunkt der Abfassung dieser wissenschaftlichen Arbeit befinden sich die Ausschreibungen und Vergaben für verschiedene Vergabeeinheiten im Bereich der Gebäudehülle, darunter Fassadenarbeiten sowie Dacharbeiten mit Trapezblech und Dachabdichtung, in der Durchführung. Die Ausschreibungen für die Ausbaugewerke wie Trockenbau, Bodenbelags- oder Anstricharbeiten sind für eine Fertigstellung bis zum Jahresende vorgesehen.

Hinsichtlich der Betrachtung der LPH 6 bis 8 und der Anwendung des Leitfadens wird der Fokus auf die Vergabeeinheit „Fassadenbekleidung, Fenster und Sonnenschutz“ gelegt. Die LVs wurden im Mai 2024 zur Angebotsabgabe versendet und die Vergabe ist für Anfang September 2024 vorgesehen. Zum Zeitpunkt der Bewertung der Nachhaltigkeitsaspekte fanden bereits technische Gespräche mit den Bietern statt und die kaufmännischen Verhandlungen sind im Gange. Daher können insbesondere Vorgänge der LPH 6 und teilweise auch der LPH 7 in die Betrachtung einbezogen werden. Der tatsächliche Baubeginn für diese Vergabeeinheit ist für September 2025 geplant. Diese frühe Vergabe wurde vom AG festgelegt, um Kostensicherheit zu gewährleisten und eine frühzeitige, präzise Kalkulation zu ermöglichen.

5.2 Evaluierung der Nachhaltigkeitsmaßnahmen im Referenzprojekt mit dem Leitfaden

Bevor der Leitfaden angewendet wird, ist zunächst das in Abschn. 4.2.1 beschriebene Prüfschema heranzuziehen, um festzustellen, welche Nachhaltigkeitsaspekte für das ausgewählte Industriebauprojekt von Relevanz sind. Da in diesem Fall die offensichtliche Anwendung des Leitfadens vorgesehen ist, werden alternative Schlussfolgerungen ohne dessen Nutzung nicht berücksichtigt (vgl. Abb. 5.1).

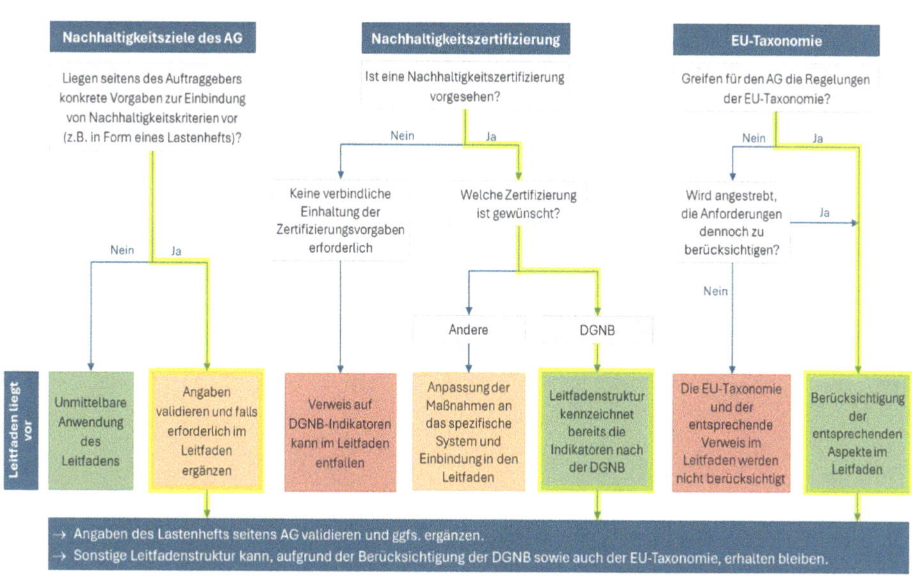

Abb. 5.1 Schematische Überprüfung der geltenden Vorgaben für das Referenzprojekt zur Anwendung des Leitfadens (analog zu Abb. 4.4)

Seitens des AG liegt ein Lastenheft zum Nachhaltigen Bauen vor, dessen Anforderungen zunächst geprüft und bei Bedarf im Leitfaden ergänzt werden müssen. Der AG fordert außerdem eine DGNB-Zertifizierung mit einem Gesamterfüllungsgrad von 70 %, was einem Gold-Zertifikat entspricht. Obwohl der Leitfaden bereits auf die wesentlichen DGNB-Indikatoren für die LPH 6 bis 8 hinweist, muss überprüft werden, inwiefern die Umsetzung dieser Kriterien erfolgt, um die genaue Punktzahl für die einzelnen Maßnahmen festlegen zu können und damit zu prüfen, ob diese ausreicht, um die geforderte Zertifizierungsstufe zu erreichen. Dabei ist jedoch vorauszusetzen, dass bereits eine Mehrzahl von Kriterien bereits in den vorherigen Planungsphasen berücksichtigt wurde, da nun nur noch ein begrenzter Einfluss, zumindest in Bezug auf planerische Aspekte, möglich ist.

Ein weiterer wesentlicher Aspekt betrifft die EU-Taxonomie. Da es sich um einen großen Automobilkonzern handelt, ist dieser verpflichtet, nach der EU-Taxonomie zu berichten und die technischen Bewertungskriterien einzuhalten. Dies ist dem AG bewusst, weshalb entsprechende Anforderungen bereits im Lastenheft berücksichtigt sind.

Im nächsten Schritt werden exemplarische Zielsetzungen und Maßnahmen aus den LPH 6 bis 8 des Leitfadens analysiert und auf ihre Umsetzung in der Vergabeeinheit „Fassadenbekleidung, Fenster und Sonnenschutz" hin überprüft. Die Maßnahmen werden dabei innerhalb von drei verschiedenen Kategorien untersucht: umgesetzt (U), nicht umgesetzt (NU) sowie noch nicht abgeschlossen (NA) und somit derzeit nicht abschließend bewertbar (vgl. Tab. 5.2, 5.3 und 5.4).

Im Rahmen der LPH 6 werden dabei beispielhafte Maßnahmen zur Integration von Nachhaltigkeitskriterien in die LVs untersucht. In der LPH 7 erfolgt die Betrachtung einer nachhaltigkeitsorientierten Prüfung und Wertung der Angebote, während innerhalb der LPH 8 die Voraussetzungen für die Vollständigkeit der Dokumentationsunterlagen analysiert werden.

Tab. 5.2 Beispielhafter Leitfadenauszug aus LPH 6 mit begleitender Stellungnahme zum Referenzprojekt (Auszug gemäß Anlage 1)

	Maßnahmen	Betreffende Dimension(en)	Anforderungen nach EU-Taxonomie	Indikator nach DGNB	Zuständig	Zuarbeit
Ziel 6.2	**Integration von Nachhaltigkeitskriterien in die LVs**					
	Verfestigung von konkreten Anforderungen in den allgemeinen Vorbemerkungen (z. B. in Bezug auf Nachhaltigkeitszertifizierungen, EU-Taxonomie-Bestimmungen, Anforderungen an Bauprodukte und Materialien sowie die daraus resultierenden Pflichten seitens der ausführenden Unternehmen).	ENV SOC FUNC TECH PROC	–	x	OP	AG NB
	U: In den allgemeinen Vorbemerkungen werden die Anforderungen an die DGNB und die EU-Taxonomie ausführlich erläutert. Dabei werden konkrete Vorgaben zu z. B. Bauprodukten, Materialien, dem Bauprozess sowie zu den Pflichten des ausführenden Unternehmens im Hinblick auf dessen unternehmerische Verantwortung in Bezug auf Nachhaltigkeit festgelegt. Die Vorbemerkungen wurden von einem vom Objektplaner beauftragten Nachhaltigkeits-Dienstleister erstellt und entsprechend übernommen. Sie wirken in ihrer Gesamtheit sehr umfassend.					

(Fortsetzung)

Tab. 5.2 (Fortsetzung)

	Maßnahmen	Betreffende Dimension(en)	Anforderungen nach EU-Taxonomie	Indikator nach DGNB	Zuständig	Zuarbeit
	Einhaltung von Anforderungen hinsichtlich Gesundheits- und Umweltverträglichkeit (z. B. Verwendung von Produkten mit anerkannten Umweltlabels) sowie – sofern vorhanden – Befolgung der Vorgaben der „Positivliste".	ENV SOC	Nur bau- und chemikalienrechtlich zugelassene Produkte werden eingesetzt / eingebaut (über CE-Kennzeichnung). Baubestandteile und Baustoffe mit direktem Berührungskontakt (z. B. Farben, Bodenbeläge, Kleb- und Dichtstoffe) müssen weniger als 0,06 mg Formaldehyd pro m^3 Material oder Bauteil und weniger als 0,001 mg anderer krebserregender VOC der Kategorien 1 A und 1B pro m^3 Material oder Bauteil emittieren. Einhaltung weiterer Anforderungen gemäß Anlage C der EU-Taxonomie.	x	OP	NB
	U: Im Hinblick auf die Verwendung von Produkten und Baumaterialien wird auf die Einhaltung der Schadstofffreiheit gemäß der Qualitätsstufe 4 nach DGNB verwiesen. Die Anforderungen der DGNB an Bauprodukte und Materialien sind in einigen Fällen bis auf Positionsebene in die LVs integriert. Darüber hinaus wird generell formuliert, dass alle Baustoffe und Bauprodukte die Anforderungen der DGNB-Kriterienmatrix erfüllen müssen, auch wenn diese nicht explizit in den einzelnen Positionen genannt sind. Zudem ist das ausführende Unternehmen verpflichtet, für alle verwendeten Produkte mindestens 21 Werktage vor der Materialbestellung Nachweise wie technische Merkblätter, Sicherheitsdatenblätter, Herstellererklärungen und Nachhaltigkeitsdatenblätter unaufgefordert der Bauleitung und dem DGNB-Auditor vorzulegen. Diese Nachweise müssen auch alle relevanten gesundheits- und umweltbezogenen Informationen enthalten.					

(Fortsetzung)

Tab. 5.2 (Fortsetzung)

	Maßnahmen	Betreffende Dimension(en)	Anforderungen nach EU-Taxonomie	Indikator nach DGNB	Zuständig	Zuarbeit
	U: Auch muss das Unternehmen eine Materialdeklarationsliste vollständig ausfüllen und zusammen mit den entsprechenden Nachweisen zur Prüfung einreichen. Obwohl demnach keine konkrete Positivliste vorhanden ist, müssen die geplanten Produkte und Materialien vor der Ausführung überprüft und deren Konformität mit den Anforderungen nachgewiesen werden. Ohne Freigabe durch den DGNB-Auditor dürfen keine Materialien und Baustoffe eingebaut werden. Darüber hinaus werden auch spezifische Produktlabels, die beachtet werden müssen, sowie Beispiele für solche Labels genannt. Die Anforderungen der EU-Taxonomie sind ebenfalls detailliert aufgeführt und müssen beachtet werden.					
	Festlegung von Bauteileigenschaften (z. B. Wärmedurchgangskoeffizient, Lichttransmissionsgrad) zur Einhaltung von Vorschriften wie dem GEG oder zur Erlangung einer Förderung (z. B. KfW-Förderung).	ENV ECO	Jahres-Primärenergiebedarf muss mind. 10 % unter dem Standard für Niedrigstenergiegebäude gemäß GEG liegen.	–	OP	FP NB
	U: Auf Grundlage des GEG sowie relevanter DIN-Normen werden für die Bauteile spezifische einzuhaltende Werte im LV festgelegt. Fassadenbauteile müssen dabei insbesondere Anforderungen hinsichtlich der Luftdurchlässigkeit und des Wärmeschutzes erfüllen. Für Fenster und Türen sind z. B. Vorgaben bezüglich der Rahmenmaterialien, Verglasung, Ausfachung sowie der Anschlussfugen an den Baukörper zu beachten und zu gewährleisten. Alle Nachweise über die Erfüllung dieser Anforderungen sind dem AG bereits mit dem Angebot vorzulegen. Dadurch wird sichergestellt, dass zumindest in der Ausschreibungs- und Vergabephase die Einhaltung der Vorgaben geplant ist. NA: Ob diese tatsächlich in der Bauausführung umgesetzt werden, muss im weiteren Verlauf innerhalb Bauüberwachung dennoch stetig überprüft werden NU: Konkrete Angaben und Anforderungen zur Einhaltung des Jahres-Primärenergiebedarfs im Rahmen der EU-Taxonomie liegen jedoch nicht vor.					

(Fortsetzung)

Tab. 5.2 (Fortsetzung)

	Maßnahmen	Betreffende Dimension(en)	Anforderungen nach EU-Taxonomie	Indikator nach DGNB	Zuständig	Zuarbeit
	Integration funktioneller Aspekte wie Anpassungs-, Wandlungs- und Rückbaufähigkeit.	FUNC	Materialien, Baustoffe und Bautechnik müssen die Kreislaufführung im Hinblick auf die Rückbau- und Anpassbarkeit von Gebäuden unterstützen und die Verlängerung der Lebensdauern herbeiführen.	x	OP	NB
	U: In den Vorbemerkungen des LVs werden auch funktionale Aspekte der Baustoffwahl thematisiert. Dabei wird betont, dass bei der Auswahl der Materialien auf Recyclingfähigkeit, Rückbaubarkeit und sortenreine Trennung geachtet werden muss. Technisch vermeidbare nasse, geklebte und nicht lösbare Fügetechniken sollten damit vermieden werden. Für bestimmte Bauteile wie elementierte Außenwände, Außentüren und -fenster ist der Nachweis der sortenreinen Trennbarkeit der Baustoffe und deren Verwertungsweg durch Cradle to Cradle (C2C)-Zertifikate zu erbringen. Darüber hinaus müssen die angebotenen Materialien und Bauteile hinsichtlich ihrer Dauerhaftigkeit, Reinigungs- und Instandhaltungsfreundlichkeit bewertet werden, um eine hohe Lebensdauer zu gewährleisten. Diese Eigenschaften sind durch entsprechende Nachweise der Produkthersteller oder Verarbeiter zu belegen.					

Tab. 5.3 Beispielhafter Leitfadenauszug aus LPH 7 mit begleitender Stellungnahme zum Referenzprojekt (Auszug gemäß Anlage 1)

	Maßnahmen	Betreffende Dimension(en)	Anforderungen nach EU-Taxonomie	Indikator nach DGNB	Zuständig	Zuarbeit
Ziel 7.3	**Gesamtheitliche Prüfung und Wertung der Angebote**					
	Neben der fachlichen, inhaltlichen und ökonomischen Prüfung bspw. auch ökologische und soziale Aspekte berücksichtigen. Bewertungsinstrumente hinsichtlich Nachhaltigkeit ausrichten (z. B. auf Basis des Forschungsberichts im Auftrag des BBSR [1]).	ENV ECO SOC TECH	–	–	OP	NB
	U: Die eingereichten Angebote wurden inhaltlich und fachlich geprüft sowie in einem Preisspiegel gegenübergestellt. Zusätzlich wurde eine vergleichende Darstellung angewandt, welche die von den jeweiligen Unternehmen vorgesehenen Fabrikate und Produkte aufzeigt. NU: Idealerweise wird durch die beigefügten Produktnachweise bereits die Konformität mit den einschlägigen Vorgaben wie dem GEG oder den entsprechenden DIN-Normen, nachgewiesen. U: Die Prüfung erfolgte anhand standardisierter Vorlagen des Objektplaners, die projektübergreifend für die Bewertung von Angeboten herangezogen werden. NU: Diese beinhalten jedoch keine zusätzlichen Nachhaltigkeitskriterien und berücksichtigen somit keine sozialen oder ökologischen Aspekte bei der Beurteilung der Unternehmen. Daher ist eine nachhaltigkeitsorientierte Gegenüberstellung und Bewertung der Bieter nicht möglich, sodass die Firmen ausschließlich anhand der zuvor genannten Kriterien bewertet werden. Dies gibt jedoch nur begrenzt Auskunft über das Nachhaltigkeitsengagement der Unternehmen. Ziel sollte es daher sein, entweder eine bestehende Vorlage um Nachhaltigkeitsaspekte zu erweitern oder eine neue Bewertungsmatrix zu entwickeln, die den Aspekt der Nachhaltigkeit systematisch in die Analyse und den Vergleich der Angebote integriert.					

Tab. 5.4 Beispielhafter Leitfadenauszug aus LPH 8 mit begleitender Stellungnahme zum Referenzprojekt (Auszug gemäß Anlage 1)

	Maßnahmen	Betreffende Dimension(en)	Anforderungen nach EU-Taxonomie	Indikator nach DGNB	Zuständig	Zuarbeit
Ziel 8.6	**Schaffung einer Dokumentationsgrundlage für eine effiziente Nutzungs-, Umbau- sowie Rückbauphase und Förderung der Langlebigkeit des Bauwerks**					
	Einfordern und digitale Sammlung aller relevanten Unterlagen wie Pläne, Produktbeschreibungen, Zertifikate, Zulassungen, Bedienungs- und Wartungsanleitungen sowie Protokolle und Prüfberichte.	ENV ECO FUNC TECH PROC	Nutzung digitaler Tools zur Darstellung der Charakteristika wie Materialien und Bauprodukte.	x	OP	FP AF
	NA: Die Anforderungen an die Dokumentationsunterlagen sind unter anderem im Lastenheft des AG spezifiziert und müssen entsprechend im LV festgehalten werden. Der AG fordert unter anderem Pläne sowie ein digitales Modell, die den realisierten Zustand des Bauwerks und dessen konkrete Ausführung widerspiegeln. Diese Anforderungen gelten gewerkeübergreifend und betreffen nicht direkt die ausführenden Firmen. Vielmehr obliegt es dem Objektplaner, die Pläne und das Modell auf den aktuellen Stand zu bringen und dem AG zu übermitteln. Im Rahmen der jeweiligen Vergabeeinheit müssen zudem Werk- und Montagepläne von den ausführenden Firmen angefordert werden. U: Diese Vorgabe ist bereits in den Vorbemerkungen des LV fest verankert. NA: Für die betreffende Vergabeeinheit sind darüber hinaus spezifische Unterlagen, wie Wartungs-, Inspektions-, Betriebs- und Pflegeanleitungen, an den AG zu übergeben. Dies betrifft bspw. Dokumente für den Antrieb der Jalousien. Zudem sind Protokolle, wie etwa der Nachweis des Heißlagerungstests bei den einzubauenden ESG-Scheiben, einzufordern. U: Diese Anforderungen sind ebenfalls im LV verankert. NA: Alle erforderlichen Dokumente müssen in einer Datenbank erfasst, auf Vollständigkeit geprüft und anschließend dem AG übergeben werden. U: Um sicherzustellen, dass die Unternehmen ihren Dokumentationspflichten nachkommen, ist es von Vorteil, diese Anforderungen zuvor bereits im LV möglichst detailliert festzulegen.					

5.3 Auswertung

Der Leitfaden bietet einen umfassenden Überblick über die im Bereich der Nachhaltigkeit zu berücksichtigenden Aspekte, die seitens der Objektplanung in den LPH 6 bis 8 integriert werden sollten. Viele dieser Maßnahmen sind gegenwärtig noch relativ allgemein formuliert und dienen primär als Grundlage für eine weiterführende Ausarbeitung. Mit zunehmender Erfahrung in der Umsetzung nachhaltiger Bauprojekte können diese jedoch schrittweise erweitert und präzisiert werden.

Dies zeigt sich z. B. in der ersten Zielsetzung der LPH 6, in welcher der durch die Einbindung von Nachhaltigkeitskriterien entstehende erhöhte Zeitaufwand in den Vergabeterminplan integriert werden muss. Aktuell lassen sich jedoch noch keine präzisen Aussagen darüber treffen, wie groß der zusätzliche Zeitaufwand für die Objektplanung und die Bieter konkret ist. Diese Kennwerte können erst nach Abschluss mehrerer Projekte bestimmt werden, wobei auch die Art und der Umfang des Bauvorhabens eine entscheidende Rolle spielen.

So erfordert auch die Erstellung, Implementierung und Anwendung von Bewertungsinstrumenten zur Prüfung und Wertung von Angeboten in LPH 7 zunächst einen erhöhten Aufwand. Sobald jedoch geeignete Bewertungsinstrumente etabliert sind, können diese routinemäßig, wie andere standardisierte Prozesse, angewendet werden. Dabei sollten zuvor auch spezifische Eignungs- und Zuschlagskriterien definiert werden, die Unternehmen erfüllen müssen, um ein Angebot abgeben zu können, um die Nachhaltigkeitsimplementierung bereits in der Angebotsphase zu gewährleisten.

Insbesondere bei großen Industriebauprojekten, bei denen die Implementierung von Nachhaltigkeitsaspekten noch nicht weit fortgeschritten ist, kann die Unterstützung durch externe Dienstleister im Bereich des nachhaltigen Bauens von Vorteil sein. Diese können bspw. durch die Bereitstellung von Ausschreibungstexten oder Empfehlungen zu bestimmten Produkten und Materialien sowohl für die Objektplanung als auch für die ausführenden Firmen einen wertvollen Beitrag leisten.

Bei der Anwendung des Leitfadens wird zudem deutlich, je mehr Aspekte und Anforderungen bereits in der Ausschreibung und damit im LV präzise definiert sind, desto einfacher und geregelter ist deren spätere Umsetzung. Detaillierte Vorgaben auf Positionsebene, die bspw. Anforderungen des GEG oder der DGNB enthalten, legen bereits im Ausschreibungsprozess fest, welche Kriterien zu erfüllen sind. Diese Vorgaben müssen allerdings in der Bauphase kontinuierlich überprüft werden.

Im Hinblick auf das Referenzprojekt bietet das untersuchte LV bereits eine detaillierte Auskunft über die zu berücksichtigenden Nachhaltigkeitskriterien und steht damit auch in direkter Wechselwirkung zu Bestimmungen wie der DGNB-Zertifizierung oder der EU-Taxonomie. Bei der Prüfung und Wertung der Angebote in LPH 7 wird jedoch weiterhin auf veraltete Bewertungsinstrumente zurückgegriffen, welche Nachhaltigkeitsaspekte in den Bereichen Soziales und Ökologie nicht hinreichend erfassen. Dies kann dazu führen, dass der Preis bei der Vergabe der Bauleistung für den AG nach wie vor ein zentrales Kriterium bleibt, während Nachhaltigkeitsüberlegungen in den Hintergrund treten.

Es ist zwar ein Fortschritt, Nachhaltigkeitskriterien bspw. bei der Erstellung des LVs verstärkt zu integrieren, jedoch ist es entscheidend, dass alle Prozesse innerhalb der LPH 6 bis 8 konsequent auf Nachhaltigkeit ausgerichtet werden. Nur so kann eine umfassende und ganzheitliche Umsetzung der Nachhaltigkeitsziele in diesen Phasen gewährleistet werden.

Literatur

1. Schwarz, J. et al. (2018). *Leitfaden für die Berücksichtigung von Nachhaltigkeitsaspekten bei der Vergabe öffentlicher Bauaufträge.* Endbericht, Universität der Bundeswehr München.

6 Schlussteil

6.1 Zusammenfassung

Die Thematik der Nachhaltigkeit ist heutzutage präsenter denn je und spielt eine zentrale Rolle bei der Erreichung globaler Klimaziele, wie sie bspw. in der Agenda 2030 oder dem KSG verankert sind. Die Bauindustrie trägt hierbei durch ihren hohen Flächen- und Ressourcenverbrauch oder die erheblichen CO_2-Emissionen eine besondere Verantwortung. Während im Wohnungsbau durch den vermehrten Einsatz nachwachsender Rohstoffe wie Holz und durch etablierte nachhaltige Energiekonzepte, wie das Niedrigenergie- oder Passivhaus, bereits große Fortschritte erzielt wurden, stellt die Implementierung von Nachhaltigkeitskriterien im Industriebau eine weitaus größere Herausforderung dar.

Die Komplexität des Industriebaues resultiert insbesondere aus der Größe der Bauwerke, den spezifischen, branchenabhängigen Nutzungsanforderungen sowie dem ständigen Kostendruck. So stellen Produktionsstätten für die Automobilindustrie andere Anforderungen als bspw. Lebensmittelproduktionsanlagen. Hinzu kommt, dass in Industriebauten häufig unterschiedliche Nutzungszonen wie Produktionsbereiche, Lager, Verwaltungs- oder Sozialräume integriert sind, die jeweils spezifische technische und funktionale Anforderungen mit sich bringen. Vor allem der hohe Einsatz der TGA, die zum Teil auch für den Betrieb von Maschinen und Anlagen notwendig ist, stellt eine zusätzliche Herausforderung für die Nachhaltigkeitsbetrachtung dar. Die Materialwahl ist ebenso von Bedeutung, da häufig weniger nachhaltige Baustoffe wie Stahl und Beton zum Einsatz kommen. Es wurde jedoch gezeigt, dass der Einsatz von Holz, insbesondere als Hybridbauweise, eine nachhaltigere Alternative darstellen kann.

A. Gerstner, *Implementierung von Nachhaltigkeitskriterien im Industriebau in den Leistungsphasen 6 bis 8,* Entwicklung neuer Ansätze zum nachhaltigen Planen und Bauen, https://doi.org/10.1007/978-3-658-47900-8_6

Weiterhin verdeutlicht die vorliegende Arbeit, dass eine konsequente Berücksichtigung von Nachhaltigkeitsaspekten bereits in den frühen Planungsphasen entscheidend für die erfolgreiche Umsetzung nachhaltiger Bauprojekte ist. Die Schlüsselrolle für die tatsächliche Umsetzung der Ziele markieren aber die LPH 6 bis 8. In diesen Phasen müssen die Nachhaltigkeitsanforderungen insbesondere in der Ausschreibung, konkret im LV, verankert werden. Bei der Vergabe sollten die ausführenden Unternehmen nicht ausschließlich auf Basis des günstigsten Angebots ausgewählt werden, sondern auch hinsichtlich ihrer Fähigkeit, die geforderten Nachhaltigkeitsstandards zu erfüllen. In der Bauausführung ist es schließlich essenziell, dass die festgelegten Nachhaltigkeitsaspekte vollständig und präzise umgesetzt werden, um die Gesamtqualität des Bauvorhabens sicherzustellen.

Vor diesem Hintergrund wurde im praktischen Teil der Arbeit ein Leitfaden entwickelt, der den Objektplanern konkrete Maßnahmen und Kriterien an die Hand gibt, um Nachhaltigkeit systematisch in den Phasen der Ausschreibung, Vergabe und Bauausführung innerhalb eines Industriebaus zu integrieren. Um den Leitfaden flexibel auf unterschiedliche Projekte anwenden zu können, berücksichtigt dieser spezifische Projektanforderungen wie die Nachhaltigkeitsziele des AG, Anforderungen aus möglichen Nachhaltigkeitszertifizierungen sowie die Einhaltung der EU-Taxonomie. Für eine umfassende Bewertung der Maßnahmen wurden neben ökologischen, sozialen und ökonomischen Aspekten auch die funktionale, technische sowie die Prozess- und Standortqualität berücksichtigt.

Zur Verifizierung des Leitfadens im Praxiskontext wurde dieser abschließend anhand exemplarisch ausgewählter Maßnahmen an einem aktuellen Referenzprojekt im Industriebau angewendet. Dabei wurde überprüft, inwiefern die im Leitfaden festgelegten Maßnahmen im Projekt umgesetzt werden konnten.

6.2 Rückblick

Im Rahmen der vorliegenden Bachelorarbeit wurden die wesentlichen Zielsetzungen, die im Hinblick auf die „Implementierung von Nachhaltigkeitskriterien im Industriebau in den Leistungsphasen 6 bis 8“ definiert wurden, systematisch verfolgt.

Zunächst erfolgt eine Betrachtung der in Abschn. 1.2 im Rahmen der Zielsetzung formulierten Nebenziele:

- *Können aus den zu untersuchenden technischen und forschungsbasierten Grundlagen spezifische Nachhaltigkeitskriterien abgeleitet und den Grundleistungen der LPH 6 bis 8 gemäß der HOAI zugeordnet werden?*
  Der Stand von Technik und Forschung wurde im Rahmen dieser Arbeit auf der Grundlage vielseitiger Quellen eingehend untersucht. Hierbei wurde besonderes Augenmerk auf Regelwerke, Nachhaltigkeitszertifizierungen, wissenschaftliche Arbeiten sowie bestehende Leitfäden gelegt, um deren Anwendungspotenzial für

die eigene Arbeit zu bewerten. Es konnte jedoch kein bereits existierender Leitfaden identifiziert werden, der sich explizit mit der Implementierung von Nachhaltigkeitskriterien in den LPH 6 bis 8 im Industriebau befasst. Folglich wurden die analysierten Grundlagen ausgewertet und die daraus gewonnenen Erkenntnisse erfolgreich mit den Grundleistungen der LPH 6 bis 8 nach HOAI verknüpft. Auf diese Weise konnte jenes Nebenziel der Arbeit erfüllt und eine fundierte Grundlage für die Entwicklung des Leitfadens geschaffen werden.

- *Lässt sich eine umfassende Betrachtung der Nachhaltigkeit sicherstellen, indem neben ökologischen z. B. auch soziale und ökonomische Aspekte in den Leitfaden einbezogen werden?*
  Um Nachhaltigkeitsmaßnahmen ganzheitlich im Leitfaden zu integrieren, wurden den im Leitfaden formulierten Maßnahmen spezifische Nachhaltigkeitsdimensionen zugeordnet. Neben den klassischen Dimensionen der ökologischen, ökonomischen und sozialen Qualität wurden auch die technische, funktionale sowie Prozess- und Standortqualität berücksichtigt, um eine umfassende Betrachtung sicherzustellen. Besonders in den LPH 6 bis 8 nimmt die Prozessqualität eine zentrale Rolle ein, da in diesen Phasen zahlreiche prozessuale Maßnahmen wie die nachhaltigkeitsorientierte Erstellung von LVs, die Entwicklung und Implementierung von Bewertungsinstrumenten zur Auswahl geeigneter Firmen sowie die präzise Umsetzung der Nachhaltigkeitskriterien in der Bauausführung entscheidend sind. Dabei sind auch z. B. die Qualitätssicherung und eine detaillierte Dokumentation von großer Bedeutung. Viele der Nachhaltigkeitsdimensionen stehen in direkter Wechselwirkung zueinander, da sie oft eng miteinander verknüpft sind. Somit umfasst eine Maßnahme häufig mehrere zugeordnete Dimensionen. So kann eine Maßnahme bspw. sowohl technische Anforderungen erfüllen als auch funktionale und prozessuale Qualitäten fördern, wodurch eine umfassende und integrative Betrachtung der Nachhaltigkeit gewährleistet wird. Demnach wurde auch dieses Nebenkriterium erfüllt und durch die Integration weiterer Aspekte wie z. B. die funktionale und technische Qualität erweitert.
- *Besteht die Möglichkeit, den Leitfaden zugleich auch flexibel zu gestalten, um ihn an spezifische Projektanforderungen anzupassen?*
  Um eine Flexibilität und Anpassungsfähigkeit des Leitfadens an die spezifischen Anforderungen und Gegebenheiten unterschiedlicher Industriebauprojekte zu gewährleisten, wurde ein Prüfschema entwickelt, das entscheidende Nachhaltigkeitsfaktoren abfragt. Durch die Abfrage dieses Schemas können zunächst zentrale Anforderungen geklärt werden, wie die Nachhaltigkeitsziele des AG, das Anstreben einer Nachhaltigkeitszertifizierung sowie die Berücksichtigung der Vorgaben der EU-Taxonomie. Auf diese Weise können projektspezifische Anforderungen identifiziert und der Leitfaden entsprechend modifiziert, erweitert oder – falls notwendig – reduziert werden. Dies stellt sicher, dass sowohl allgemeingültige Maßnahmen als auch spezifische projektrelevante Faktoren adäquat berücksichtigt werden und stellt damit die Erfüllung dieses Nebenziels sicher.

- *Ist eine praktische Anwendung anhand eines ausgewählten Referenzbeispiels möglich?*
  Anhand eines ausgewählten Referenzprojekts konnte die Praxistauglichkeit des Leitfadens überprüft werden. Dabei wurden exemplarische Zielsetzungen und Maßnahmen aus dem Leitfaden ausgewählt und ihre Umsetzung innerhalb einer spezifischen Vergabeeinheit analysiert. Das zugehörige LV sowie die eingesetzten Instrumente zur Prüfung und Bewertung der verschiedenen Angebote lieferten dabei valide Informationen. Anhand dieser Überprüfung konnte bewertet werden, welche Maßnahmen erfolgreich umgesetzt wurden, welche hingegen nicht berücksichtigt worden sind und welche aufgrund des laufenden Projektstatus erst zu einem späteren Zeitpunkt evaluiert werden können, was letztlich zur Erreichung dies Nebenziels beitrug. Dennoch zeigte die Anwendung des Leitfadens auf, dass in einigen Bereichen noch Konkretisierungsbedarf besteht, der im nachfolgenden Ausblick in Abschn. 6.3 näher behandelt wird.

Auf Basis der erfüllten Nebenkriterien erfolgt zuletzt die Bewertung der Erfüllung der zentralen Forschungsfrage:

Kann ein Leitfaden zur Implementierung von Nachhaltigkeitskriterien für die LPH 6 bis 8 im Industriebau entwickelt werden, welcher für die Objektplanung Maßnahmen zur Verfügung stellt, die zur Förderung einer nachhaltigeren Ausschreibung, Vergabe sowie Bauausführung und damit zu einer effizienten Umsetzung der geplanten Nachhaltigkeitsziele und Sicherung der Gebäudequalität beitragen können?

Unter Berücksichtigung der Nebenziele konnte ein umfassender Leitfaden entwickelt werden, der konkrete Nachhaltigkeitsanforderungen für die LPH 6 bis 8 definiert und eine praxisnahe Unterstützung für die Objektplanung innerhalb dieser Phasen bietet. Durch die systematische Ableitung relevanter Aspekte aus Technik und Forschung wurden die Grundleistungen der LPH 6 bis 8 um spezifische Nachhaltigkeitskriterien erweitert und im Leitfaden strukturiert zusammengefasst. Dieser stellt für jede Phase spezifische Ziele und zugehörige Maßnahmen bereit, die im Rahmen der Nachhaltigkeitsimplikation berücksichtigt werden müssen. Darüber hinaus wird auf die für Neubauten geltende Indikatoren der DGNB und die Anforderungen der EU-Taxonomie verweisen. Zusätzlich werden die Verantwortlichkeiten für die Umsetzung der Maßnahmen sowie die relevanten Parteien, die für eine erforderliche Zuarbeit zuständig sind, eindeutig festgelegt. Inhaltlich decken die Maßnahmen die gesamte (Prozess-)Kette innerhalb der LPH 6 bis 8 ab. Dazu gehört in der LPH 6 bspw. die systematische Festlegung und Integration von Nachhaltigkeitskriterien in den LVs, sei es in den Vorbemerkungen oder auf Positionsebene. In der Vergabephase erfolgt z. B. die Aufstellung und Nutzung nachhaltigkeitsorientierter Prüfungs- und Bewertungssysteme, um sicherzustellen, dass der Zuschlag nicht ausschließlich auf Basis des Angebotspreises erteilt wird, sondern auch nachhaltigkeitsbezogen entschieden wird. Schließlich ist die Bauausführung u. a. darauf ausgerichtet, die festgelegten Anforderungen präzise umzusetzen, um sowohl die definierten Nachhaltigkeitsziele als auch eine hohe Gebäudequalität sicherzustellen.

6.3 Ausblick

Obwohl die Zielsetzungen der vorliegenden Arbeit erreicht wurden, bleibt innerhalb des entwickelten Leitfadens ein erhebliches Potenzial für zukünftige Anpassungen und Erweiterungen bestehen, welches sukzessive über die Zeit ausgeschöpft werden sollte. Ein zentraler Aspekt ist die kontinuierliche Spezifizierung und Konkretisierung der Maßnahmen. So könnten bspw. Effizienz- und Zeitaufwandsdaten, z. B. innerhalb der Terminschienen nach dem Vergabeterminplan für Objektplaner und Bieter, genauer definiert werden. Diese Kennwerte lassen sich jedoch erst nach der Durchführung mehrerer Projekte und der praktischen Anwendung des Leitfadens präzise ermitteln. Zudem sind jene auch immer abhängig von der Projektart und dem Umfang.

Ein wesentlicher Faktor für die Weiterentwicklung nachhaltiger Bauprojekte und damit des Leitfadens ist auch die Innovationskraft des Bauwesens. Nachhaltiges Bauen setzt kontinuierliche Innovationen voraus, sei es in Form neuer Materialien, moderner Bauweisen oder verbesserter Standards. Diese neuen Entwicklungen müssen fortlaufend in den Leitfaden integriert werden. Dabei spielen nicht nur technische Neuerungen eine Rolle, sondern auch die Anpassung an sich verändernde regulatorische Anforderungen. So erfordert die dynamische Entwicklung von z. B. Zertifizierungsstandards und gesetzlichen Vorgaben, bspw. im Zusammenhang mit der EU-Taxonomie oder des GEG, eine ständige Aktualisierung des Leitfadens, um den sich wandelnden Rahmenbedingungen gerecht zu werden.

Die Flexibilität des Leitfadens könnte hingegen durch die Integration zusätzlicher Module oder spezifischer Anpassungsmöglichkeiten für unterschiedliche Branchen und Projektgrößen weiter verbessert werden. Dies würde eine passgenauere Anwendung in verschiedenen Industriebausektoren ermöglichen, da die Anforderungen z. B. je nach Größe und Art des Bauvorhabens stark variieren können.

Ein weiterer zentraler Punkt ist die Integration digitaler Tools, wie Bewertungsinstrumente oder Tools zur Verwaltung der Dokumentationsunterlagen. Diese sollten zunächst etabliert und anschließend unmittelbar mit dem Leitfaden verknüpft werden. Bspw. könnten digitalisierte Eignungs- und Zuschlagskriterien sowie Bewertungsmatrizen innerhalb der LPH 7 entwickelt und per Link mit den entsprechenden Maßnahmen im Leitfaden verbunden werden, sodass eine direkte Anwendung gewährleistet ist.

Um Nachhaltigkeitsanforderungen gezielt in Vergabeverfahren zu integrieren, können Auftraggeber und Objektplaner zusätzlich sog. Ausschlusskriterien oder festgelegte Mindestanforderungen definieren. Diese ermöglichen es, Bieter, die diese Vorgaben nicht einhalten, direkt aus dem Vergabeverfahren auszuschließen. Auf diese Weise wird Nachhaltigkeit zunehmend zu einem Wettbewerbsvorteil und fördert die Marktstellung von Unternehmen, die diese Anforderungen erfüllen. Verschiedene Veröffentlichungen bekräftigen diese Herangehensweise und heben sie im Vergleich zu den bereits untersuchten Zuschlags- und Eignungskriterien auf eine höhere Stufe der Durchsetzungskraft. [1–3]

Des Weiteren kann auch ein zukünftiges Einfließen eines sog. Schattenpreises für CO_2-Emissionen, die im Rahmen einer Projektabwicklung hervorgehen würden, ein Mittel sein. Bei der Angebotserstellung sollen nicht nur die direkten Projektkosten in die Kalkulation einbezogen werden, sondern auch die durch das Projekt verursachten indirekten Umweltauswirkungen. Durch die Berechnung und Berücksichtigung des CO_2-Ausstoßes mithilfe von Nachweisen und Abrechnungsverfahren könnte so das Angebot mit dem geringsten CO_2-Schattenpreis den Zuschlag erhalten. Dies würde Unternehmen dazu anregen, sich intensiver mit dem Thema Nachhaltigkeit auseinanderzusetzen und umweltfreundlichere Lösungen zu entwickeln. *„Nachhaltigkeit als Vergabekriterium für Bieter spornt nicht nur die Innovationskraft von Unternehmen an, sondern vermeidet auch ruinöse Unterbietungswettbewerbe, die jeglichen Innovationen im Weg stehen. (…) Der wirtschaftlichste Bieter darf nicht länger der billigste sein. Er muss ein nachhaltiger Bieter sein"*, unterstreicht damit auch Tim Lorenz, Vizepräsident des Hauptverbandes der Deutschen Bauindustrie, die Bedeutung dieses Ansatzes. [4, 5]

Auf Basis dessen sind z. B. auch Hersteller und produzierende Betriebe aufgerufen, bspw. den Lebenszyklus und die CO_2-Billanz ihrer Baustoffe und Materialien offenzulegen. Denn eine transparente Kommunikation sowie die Schließung von Wissenslücken durch kontinuierliche Weiterentwicklung und Anpassung sind entscheidend, um den Industriebausektor nachhaltiger zu gestalten und solche Maßnahmen umzusetzen.

Dabei können gezielt auch Schulungen für Planer und ausführenden Firmen sowie der Support geschulter Spezialisten wie Bauökologen dazu beitragen, die Prozesse innerhalb der Planung und Ausführung eines Industriebauprojekts gezielt auf Nachhaltigkeit auszurichten.

Langfristig wird es zudem notwendig sein, Nachhaltigkeitskriterien fest in die Leistungsbilder der HOAI oder in andere vertragliche Grundlagen, wie die Vergabe- und Vertragsordnung für Bauleistungen (VOB), zu integrieren. Dies würde nicht nur die Verbindlichkeit der Umsetzung erhöhen, sondern auch sicherstellen, dass die damit verbundenen Planungs- und Ausführungsleistungen angemessen vergütet werden. Eine solche Integration würde damit auch die flächendeckende Anwendung und konsequente Berücksichtigung von Nachhaltigkeitsaspekten im Industriebau stärken. [6]

Literatur

1. Bundesministerium für wirtschaftliche Zusammenarbeit und Entwicklung (BMZ) (2014). *Toolbox Nachhaltige Auftragsvergaben – Ein Leitfaden zur Berücksichtigung von Nachhaltigkeitsaspekten bei Ausschreibungen in Vorhaben der Finanziellen Zusammenarbeit.* 1. Ausgabe, KfW Bankengruppe.
2. Thiele, M. (2022). *Vergaberechtliche Möglichkeiten für eine nachhaltige Bauvergabe.* Kleinjohann Rechtsanwälte – Fachanwälte – Notare, Veröffentlichung von September 2022.
3. Koch, F. (2018). „Nachhaltige Beschaffung", TaylorWessing Private and Confidential, Berlin, Veröffentlichung vom 21. November 2018.

4. Müller, T. O. & Maruhn, M. P. (2024). *Nachhaltiges Bauen & Klimaneutralität: Das „CO_2-Schattenpreis-Modell“ der Bauindustrie.* https://www.digitalwerk.io/podcast/podcast-blog-posts/nachhaltiges-bauen-klimaneutralitat-das-co2-schattenpreis-modell-der-bauindustrie. Zugegriffen: 05. Sept. 2024.
5. Brinkmeier, B. (2023). *Bauindustrie schlägt CO2-Schattenpreis bei Auftragsvergaben vor.* https://bi-medien.de/fachzeitschriften/baumagazin/wirtschaft-politik/nachhaltigkeit-am-bau-bauindustrie-schlaegt-co-2-schattenpreis-bei-auftragsvergaben-vor-b16818. Zugegriffen: 05. Sept. 2024.
6. Architektenkammer Nordrhein-Westfalen (2021). *Nachhaltiges Bauen.* Ausgabe 33/ 2021 vom März 2021.

Anlage 1 – Leitfaden

A. Gerstner, *Implementierung von Nachhaltigkeitskriterien im Industriebau in den Leistungsphasen 6 bis 8,* Entwicklung neuer Ansätze zum nachhaltigen Planen und Bauen, https://doi.org/10.1007/978-3-658-47900-8

Firmenlogo
Auftraggeber

Firmenlogo
Objektplanung

Leitfaden zur Implementierung von Nachhaltigkeitskriterien in den Leistungsphasen 6-8 der HOAI im Industriebau

Projektbezeichnung:
Projektnummer:
Bauherr:

Zuständigkeit:
Datum:

Vorbereitung der Vergabe – Leistungsphase 6

	Maßnahmen	Betreffende Dimension(en)	Anforderungen nach EU-Taxonomie	Indikator nach DGNB	Zu-ständig	Zu-arbeit
Ziel 6.1	**Erstellung eines Vergabeterminplans unter Berücksichtigung der zusätzlichen Anforderungen durch Nachhaltigkeitskriterien**					
	Einplanung eines erhöhten zeitlichen Aufwands für die Integration von Nachhaltigkeits-kriterien in die LVs.	PROC	-	-	OP	-
	Berücksichtigung einer verlängerten Bearbeitungszeit für die Erstellung der Angebote durch die Bieter, aufgrund der zusätzlichen Nachhaltigkeits-anforderungen.	PROC	-	-	OP	AF
	Einbeziehung einer erweiterten Prüfungsdauer durch die Objektplanung, um eine detaillierte Bewertung der Angebote hinsichtlich der Erfüllung der festgelegten Nachhaltigkeitskriterien sicherzustellen.	PROC	-	-	OP	-
Ziel 6.2	**Integration von Nachhaltigkeitskriterien in die LVs**					
	Verfestigung von konkreten Anforderungen in den allgemeinen Vorbemerkungen (z.B. in Bezug auf Nachhaltig-keitszertifizierungen, EU-Taxonomie-Bestimmungen, Anforderungen an Bauprodukte und Materialien sowie die daraus resultierenden Pflichten seitens der ausführenden Unternehmen).	ENV SOC FUNC TECH PROC	-	x	OP	AG NB
	Frühzeitige Abstimmung sowie Bemusterung mit dem AG zur Integration spezifischer Produkte und Materialien direkt in die betreffenden Positionen der LVs.	ENV ECO SOC FUNC TECH PROC	-	-	OP AG	NB

Firmenlogo
Auftraggeber

Firmenlogo
Objektplanung

Maßnahmen	Betreffende Dimension(en)	Anforderungen nach EU-Taxonomie	Indikator nach DGNB	Zuständig	Zuarbeit
Einhaltung von Anforderungen hinsichtlich Gesundheits- und Umweltverträglichkeit (z.B. Verwendung von Produkten mit anerkannten Umweltlabels) sowie – sofern vorhanden – Befolgung der Vorgaben der „Positivliste".	ENV SOC	Nur bau- und chemikalienrechtlich zugelassene Produkte werden eingesetzt / eingebaut (über CE-Kennzeichnung). Baubestandteile und Baustoffe mit direktem Berührungskontakt (z.B. Farben, Bodenbeläge, Kleb- und Dichtstoffe) müssen weniger als 0,06 mg Formaldehyd pro m^3 Material oder Bauteil und weniger als 0,001 mg anderer krebserregender VOC der Kategorien 1A und 1B pro m^3 Material oder Bauteil emittieren. Einhaltung weiterer Anforderungen gemäß Anlage C der EU-Taxonomie.	x	OP	NB
Festlegung von Bauteileigenschaften (z.B. Wärmedurchgangskoeffizient, Lichttransmissionsgrad) zur Einhaltung von Vorschriften wie dem GEG oder zur Erlangung einer Förderung (z.B. KfW-Förderung).	ENV ECO	Jahres-Primärenergiebedarf muss mind. 10% unter dem Standard für Niedrigstenergiegebäude gemäß GEG liegen.	-	OP	FP NB
Integration technischer Aspekte wie Dauerhaftigkeit, Reinigungs- und Instandhaltungsfreundlichkeit sowie die Einbindung von Wartungsverträgen.	TECH	-	x	OP	NB
Integration funktioneller Aspekte wie Anpassungs-, Wandlungs- und Rückbaufähigkeit.	FUNC	Materialien, Baustoffe und Bautechnik müssen die Kreislaufführung im Hinblick auf die Rückbau- und Anpassbarkeit von Gebäuden unterstützen und die Verlängerung der Lebensdauern herbeiführen.	x	OP	NB
Festlegung von Vorgaben zur Qualitätssicherung, einschließlich der Zuständigkeiten und Durchführung von Messungen und Prüfungen, wie Blower-Door-Tests und Raumluftmessungen.	ENV SOC FUNC TECH	Ausführen von Qualitätskontrollprozessen während des Bauprozesses bzw. Luftdichtheit-, Innenraumluft- und Thermografiemessungen nach Fertigstellung. Einhaltung geforderter Grenzwerte.	x	OP	FP NB

Dateibezeichnung Druckdatum 2(8)

	Maßnahmen	Betreffende Dimension(en)	Anforderungen nach EU-Taxonomie	Indikator nach DGNB	Zu-ständig	Zu-arbeit
Ziel 6.3	**Sicherstellung einer effizienten und geordneten Zusammenarbeit zwischen den Fachplanern innerhalb der Erstellung der LVs**					
	Verfestigung von Fachbeiträgen der Fachplaner in die LVs.	ENV SOC FUNC TECH PROC	-	-	OP	FP
	Konsistente Umsetzung von Nachhaltigkeitsaspekten fachrichtungsübergreifend.	ENV PROC	-	-	OP FP	NB
	Einheitliche Regelungen der Vertragsbedingungen und Vorbemerkungen zur Vermeidung späterer Uneinigkeiten und Umsetzungsprobleme.	PROC	-	-	OP FP	NB
Ziel 6.4	**Schaffung einer Transparenz gegenüber dem AG hinsichtlich der Kostenaufstellungen der LVs im Zuge der Nachhaltigkeitsimplikation**					
	Nach der Bepreisung der LVs AG über mögliche Angebotspreise seitens der Bieter im Zuge der Nachhaltigkeitsimplikation und -präzisierung innerhalb der LVs informieren und damit Transparenz hinsichtlich möglicher Kostenveränderungen schaffen.	ENV ECO PROC	-	-	OP	NB
Ziel 6.5	**Schaffung von Voraussetzungen für eine konsistente Umsetzung der Anforderungen der Vergabeunterlagen im gesamten Vergabe- und Bauprozess**					
	Abschließende gründliche Prüfung und Abstimmung der Vergabeunterlagen zur einheitlichen und systematischen Berücksichtigung von Nachhaltigkeitskriterien.	ENV ECO TECH PROC	-	-	OP	AG NB

Firmenlogo
Auftraggeber

Firmenlogo
Objektplanung

Mitwirkung bei der Vergabe – Leistungsphase 7

	Maßnahmen	Betreffende Dimension(en)	Anforderungen nach EU-Taxonomie	Indikator nach DGNB	Zuständig	Zuarbeit
Ziel 7.1	**Sicherstellung der Berücksichtigung der Nachhaltigkeitsaspekte bei den Vergabeprozessen der Fachplanung**					
	Absprache und Sensibilisierung der Fachplaner bezüglich der Bedeutung von Nachhaltigkeitsaspekten in der Vergabe.	ENV SOC PROC	-	-	OP FP	NB
	Hinweis und Empfehlungen aussprechen für die Gewichtung von Nachhaltigkeitsaspekten innerhalb ihrer Bewertungsmatrix (z.B. auf Basis des Forschungsberichts im Auftrag des BBSR [1])	ENV ECO TECH PROC	-	-	OP FP	NB
Ziel 7.2	**Einholen geeigneter Angebote**					
	Enge Abstimmung zwischen AG und Objektplaner zur Auswahl geeigneter potenzieller Bieter. Aufforderung zur Angebotsabgabe auch auf Basis von Erfahrungen und Präferenzen sowie Bezug zum nachhaltigen Bauen.	ENV TECH PROC	-	-	OP AG	NB
	Berücksichtigung von ausführenden Unternehmen aus der näheren Umgebung des Projektstandorts.	ENV ECO SITE	-	-	OP AG	-
Ziel 7.3	**Gesamtheitliche Prüfung und Wertung der Angebote**					
	Neben der fachlichen, inhaltlichen und ökonomischen Prüfung bspw. auch ökologische und soziale Aspekte berücksichtigen. Bewertungsinstrumente hinsichtlich Nachhaltigkeit ausrichten (z.B. auf Basis des Forschungsberichts im Auftrag des BBSR [1])	ENV ECO SOC TECH	-	-	OP	NB
	Nachhaltigkeitsorientierte Ausrichtung der Zuschlagskriterien (z.B. Berücksichtigung von Lebenszykluskosten, Verwendung von Recyclingmaterialien) sowie der Eignungskriterien (z.B. betrieblicher Umweltschutz, gute Arbeitsbedingungen, Gleichberechtigung, gerechte Entlohnung).	ENV ECO SOC TECH FUNC PROC	Berechnung und Offenlegung des aus dem Bau resultierenden Treibhausgaspotentials des Bauvorhabens für jede Phase im Lebenszyklus. Mind. 70% der auf der auf der Baustelle anfallenden nicht gefährlichen Bau- und Abbruchabfälle werden für die Wiederverwendung	x	OP	NB

Firmenlogo
Auftraggeber

Firmenlogo
Objektplanung

	Maßnahmen	Betreffende Dimension(en)	Anforderungen nach EU-Taxonomie	Indikator nach DGNB	Zu-ständig	Zu-arbeit
			aufbereitet oder dem Recycling zugeführt. Einsatz von Sortiersystemen für Bau- und Abbruchabfälle. Einhaltung von Sorgfalts-pflichten und den dafür vorgesehenen Grund- und Leitsätze bspw. innerhalb der Aspekte Menschen- und Arbeitsrechte, Bestechung u. Korruptionsbekämpfung sowie der Abgabe von Steuern.			
Ziel 7.4	**Erfolgreiches Führen von Bietergesprächen**					
	Erneute Thematisierung der Bedeutung der Nachhaltig-keitsziele im Projekt und Aufzeigen ihrer Relevanz.	ENV ECO SOC PROC	-	-	OP	AG
	Klärung von Fragen und Anmerkungen, insbesondere in Bezug auf die vorgeschlagenen Materialien und Bauprodukte und sonstige einzuhaltende Nachhaltigkeitskriterien.	ENV FUNC TECH PROC	-	-	OP	AG NB
Ziel 7.5	**Erstellen von Vergabevorschlägen**					
	Erstellen der Vergabevorschläge auf Basis von Bewertungs-instrumenten, die Nachhaltigkeitskriterien einschließen sowie der während der Bietergespräche gewonnenen Eindrücke.	ENV ECO SOC FUNC TECH PROC	-	-	OP	-
Ziel 7.6	**Mitwirken bei der Auftragserteilung**					
	Erneute Betonung der Relevanz der Nachhaltigkeitsaspekte neben den Angebotspreisen und Verweis auf Ergebnis der Bewertung.	ENV ECO SOC PROC	-	-	OP	AG

Dateibezeichnung Druckdatum 5(8)

Firmenlogo
Auftraggeber

Firmenlogo
Objektplanung

Objektüberwachung – Leistungsphase 8

	Maßnahmen	Betreffende Dimension(en)	Anforderungen nach EU-Taxonomie	Indikator nach DGNB	Zu-ständig	Zu-arbeit
Ziel 8.1	**Sicherstellen einer planmäßigen und mängelfreien Errichtung des Bauwerks**					
	Kontinuierliche Überprüfung der Einhaltung der in den Plänen, LVs, Verträgen sowie ergänzenden Unterlagen fest-gelegten (Nachhaltigkeits-) Anforderungen.	ENV TECH PROC	-	-	OP FP	-
	Überwachung und Dokumentation der ordnungsgemäßen Verwendung der vorgesehenen Materialien, Baustoffe und Hilfsstoffe sowie der korrekten Ausführung der Arbeiten.	ENV TECH PROC	Nutzung digitaler Tools zur Darstellung der Charakte-ristika wie Materialien und Bauprodukte des Vorhabens für die zukünftige Instand-haltung, den Rückbau und Wiederverwendung.	-	OP FP	AF
	Schutz der am Bau Beteiligten, der Umwelt und der umliegenden Nachbarschaft sicherstellen (durch bspw. Maßnahmen zur Lärm- und Staubvermeidung, zum Boden- und Grundwasserschutz, zur Abfallvermeidung bzw. Trennung und Entsorgung).	ENV SOC PROC	Durchführung einer Klima-risiko- und Vulnerabilitäts-analyse. Es werden Maß-nahmen zur Reduzierung von Lärm, Staub und Schadstoffemissionen während der Bau- oder Wartungsarbeiten getroffen. Der Baugrund muss auf potenzielle Boden-kontamination geprüft werden. Risiken und Maßnahmen im Umgang mit Wasser auf der Baustelle sind zu definieren. Entwicklung eines Wassernutzungs- und Schutzplans. Begrenzung des Abfallaufkommens bei Bau- und Abbrucharbeiten durch vordefinierte Maßnahmen. Mind. 70% der auf der auf der Baustelle anfallenden nicht gefährlichen Bau- und Abbruchabfälle werden für die Wiederverwendung aufbereitet oder dem Recycling zugeführt. Einsatz von Sortiersystemen für Bau- und Abbruchabfälle.	x	OP FP	AF SiGeKo

Dateibezeichnung Druckdatum 6(8)

	Maßnahmen	Betreffende Dimension(en)	Anforderungen nach EU-Taxonomie	Indikator nach DGNB	Zu-ständig	Zu-arbeit
Ziel 8.2	**Effektive Koordination der fachlich Beteiligten**					
	Einplanung und Durchführung regelmäßiger Besprechungen wie Jour-Fixe oder Baubesprechungen sowie aktive Zusammenarbeit mit allen Akteuren.	SOC PROC	-	-	OP	AG FP AF NB SiGeKo
	Koordination und Abstimmung besonderer einzukalkulierender Arbeiten wie Messungen, Prüfungen oder Trocknungszeiten.	TECH PROC	-	-	OP	FP AF
Ziel 8.3	**Berücksichtigung von Nachhaltigkeitsaspekten innerhalb des Ausführungsterminplans**					
	Frühzeitige Integration spezifischer Maßnahmen zur Qualitätssicherung (z.B. Messungen und Prüfungen wie Thermografie- oder Luftdichtheitsprüfungen).	TECH PROC	Ausführen von Qualitätskontrollprozessen während des Bauprozesses bzw. Luftdichtheit-, Innenraumluft- und Thermografiemessungen nach Fertigstellung. Einhaltung geforderter Grenzwerte.	x	OP	FP AF
Ziel 8.4	**Sicherstellung der lückenlosen Nachvollziehbarkeit und Rückverfolgbarkeit des Baufortschritts sowie der verbauten Materialien im gesamten Lebenszyklus des Bauwerks**					
	Führen eines Bautagesbuchs.	TECH PROC	-	-	OP	FP
	Umfassende Fotodokumentation.	TECH PROC	-	-	OP	FP
	Besonderen Schwerpunkt auf (Foto-) Dokumentation von anschließend nicht sichtbaren Bauteilen zur späteren Nachvollziehbarkeit legen (z.B. Unterkonstruktionen, Leitungen).	TECH PROC	-	-	OP	FP
Ziel 8.5	**Gewährleistung einer umfassenden Rechnungsprüfung**					
	Aufmaße und Rechnungen nicht nur auf sachliche, fachliche und rechnerische Richtigkeit, sondern auch auf die ordnungsgemäße Umsetzung der vereinbarten Nachhaltigkeitskriterien prüfen.	ENV ECO PROC	-	-	OP	AF

	Maßnahmen	Betreffende Dimension(en)	Anforderungen nach EU-Taxonomie	Indikator nach DGNB	Zu-ständig	Zu-arbeit
Ziel 8.6	**Schaffung einer Dokumentationsgrundlage für eine effiziente Nutzungs-, Umbau- sowie Rückbauphase und Förderung der Langlebigkeit des Bauwerks**					
	Einfordern und digitale Sammlung aller relevanten Unterlagen wie Pläne, Produktbeschreibungen, Zertifikate, Zulassungen, Bedienungs- und Wartungsanleitungen sowie Protokolle und Prüfberichte.	ENV ECO FUNC TECH PROC	Nutzung digitaler Tools zur Darstellung der Charakteristika wie Materialien und Bauprodukte.	x	OP	FP AF
Ziel 8.7	**Sicherstellung der festgelegten Qualitäten des Bauwerks sowie mangelfreie Übergabe dessen an den AG**					
	Identifikation und Dokumentation von Mängeln im Rahmen der Abnahme.	FUNC TECH PROC	-	-	OP	AG FP AF
	Kontrolle der Mängelbeseitigung.	FUNC TECH PROC	-	-	OP	AF
	Übergabe umfassender Dokumentationsunterlagen (wie in Ziel 8.6 aufgelistet) an den AG zur Nachvollziehbarkeit des Bauprozesses.	ENV ECO FUNC TECH PROC	-	x	OP	FP AF

Legende			
Nachhaltigkeitsdimensionen		Verantwortlichkeiten	
ENV	Ökologie (engl. environment)	OP	Objektplanung
ECO	Ökonomie (engl. economy)	FP	Fachplanung
SOC	Soziales (engl. social)	AG	Auftraggeber
FUNC	Funktionale Qualität (engl. functional quality)	AF	Ausführende Firmen
TECH	Technische Qualität (engl. technical quality)	SiGeKo	Sicherheits- und Gesundheitsschutzkoordinator
PROC	Prozessqualität (engl. process quality)	NB	Nachhaltigkeitsberatung (z.B. Spezialist für Ausschreibungsmanagement, Bauökologe, Zertifizierungs-Auditor)
SITE	Standortqualität (engl. site quality)		

[1] Schwarz, J. et al., *„Leitfaden für die Berücksichtigung von Nachhaltigkeitsaspekten bei der Vergabe öffentlicher Bauaufträge"*, Endbericht im Rahmen des Forschungsprogramms Zukunft Bau im Auftrag des Bundesinstituts für Bau-, Stadt- und Raumforschung (BBSR)

*Dieser Leitfaden basiert auf der Bachelorarbeit „Implementierung von Nachhaltigkeitskriterien im Industriebau in den Leistungsphasen 6 bis 8" und greift auf den darin analysierten Stand der Technik und Forschung zurück. Eine vertiefende Darstellung der Maßnahmen kann demnach der zugrunde liegenden Arbeit, insbesondere Kapitel 4, entnommen werden.